钎钢成形技术理论及数值分析

于恩林　韩　毅　著

东北大学出版社
·沈　阳·

ⓒ 于恩林　韩　毅　**2019**

图书在版编目（CIP）数据

钎钢成形技术理论及数值分析／于恩林，韩毅著
．— 沈阳：东北大学出版社，2019. 10
　ISBN　978-7-5517-2208-7

　Ⅰ．①钎… Ⅱ．①于… ②韩… Ⅲ．①钎钢—成型
Ⅳ．①TG142. 45

中国版本图书馆 CIP 数据核字（2019）第 235072 号

出 版 者：东北大学出版社
　　　　　地址：沈阳市和平区文化路三号巷 11 号
　　　　　邮编：110819
　　　　　电话：024-83683655（总编室）　83687331（营销部）
　　　　　传真：024-83687332（总编室）　83680180（营销部）
　　　　　网址：http://www. neupress. com
　　　　　E-mail: neuph@ neupress. com
印 刷 者：沈阳航空发动机研究所印刷厂
发 行 者：东北大学出版社
幅面尺寸：170mm×240mm
印　　张：11. 25
字　　数：201 千字
出版时间：2019 年 10 月第 1 版
印刷时间：2019 年 10 月第 1 次印刷
责任编辑：孙　锋
责任校对：孙德海
封面设计：潘正一
责任出版：唐敏志

ISBN　978-7-5517-2208-7　　　　　　　　　　定　价：65. 00 元

前　言

钎钢是专门用来制作凿岩钎具的钢材。1871 年，瑞典 Sandvik 公司开始生产中空钢材。1951 年，我国开始在抚顺钢厂试制碳素中空钢。可以说，钎钢是目前所有钢铁工具中受力条件最苛刻、使用寿命最短、技术含量很高、基础工业必备的一种消耗性工具。提高钎钢综合性能，研发长寿命凿岩钎杆已经成为采掘工业高效低耗凿岩必须解决的难题，也是科技界和产业界不断追求的目标。在这一发展过程中，我们针对工业生产的实际问题进行了大量的理论和实验研究，本书就是在多年研究结果基础上系统总结和整理而成。

本书系统地展示了钎钢成形过程数值计算方法。以 55SiMnMo 钎钢热穿热轧成形过程以及孔型轧制过程为研究对象，将非线性有限元技术与材料微观组织演变理论相结合，对钎钢轧制轧件几何尺寸精度、致密度、微观组织演变规律进行了数值模拟研究和实验研究，并结合实验数据验证了数值模拟结果的正确性。

本书由于恩林、韩毅和肖瑶统稿，并共同审定。

所有各项研究工作都是在燕山大学国家冷轧板带装备及工艺工程技术研究中心和燕山大学机械工程学院的组织指导下，在有关工厂科技人员和学校实验室同志的帮助下完成的。参加本书编写工作的还有赵玉倩博士、闫涛博士、刘辉硕士、姜杰凤硕士、沈红伟硕士和许小林硕士，在此一并表示衷心的谢意。

由于条件和水平有限，书中不足之处在所难免，敬请有关专家、学者不吝指教。

著　者

2019 年 3 月

目　录

第1章　钎钢生产现状及发展概况

人类几千年征服自然的文明史，离不开与岩石作斗争。在某种程度上可以说，整个人类社会发展史，都包含人类同岩石的斗争。人类同岩石斗争，最得力的手段就是凿岩爆破，钎具和火药帮助人类征服了岩石。尤其在人类物质文明的开拓中，无论是从地球上获取资源，还是改造自身的生存空间，建设物质文明，同岩石的接触更是愈来愈频繁。凿岩爆破，已经成为现代物质文明生产与建设中的重要工程内容。其工艺技术也正日益朝着更经济、更高效的方向发展。同时，作为凿岩基本工具的钎具（钎钢是钎具的核心部分），也因之得到了不断的发展，以适应凿岩爆破技术进步的需要。钎钢（rock drill steel），俗称钎子钢，是指专门用于制造钎具的钢材。钎钢的综合性能直接影响钎杆使用寿命。钎杆是实现钻爆作业的工具，使用寿命短且消耗性大，工作时受力条件苛刻。提高钎钢综合性能，研发长寿命凿岩钎杆已经成为采掘工业高效低耗凿岩必须解决的难题。

1.1　钎钢应用现状

钎杆用中空钢，简称钎钢，是专门用来制作凿岩钎具的钢材。钎钢分为两大类：一种是实心钎钢；另一种是空心钎钢，即中空钢。国内外钎钢钎具企业的主要产品是用于浅孔凿岩的 H22 小型钎杆，杆体长度一般在 4 m 以内，钻凿深度不超过 3 m。在采掘工业中 H22 小型钎杆的用量超过 85%。钎钢是截面一般为圆形或正六角形的中心有圆孔的型钢，如图 1-1 所示。钎钢可视为一种径厚比为 3~3.7 的圆形或者异形厚壁无缝钢管。

目前国内外钎钢的截面形状以正六角形和圆形为主。同圆形截面钎钢相比，正六角形截面钎钢具有刚度大、钻凿排粉效果好、凿岩速度快等优点，在钻爆工程中需求量最大的。钻凿隧道、涵洞、井巷使用的正六角形钎钢的内切圆直径有 19, 22, 25, 28, 32, 35, 38, 45 mm 共 8 种规格。钎杆长度一般为 0.4 ~ 6.4 m。其中以制造浅孔凿岩钎杆的 H22 mm 钎钢的应用最为广泛, B25 mm 次之, 其余截面尺寸使用较少。

图 1 – 1　钎钢横截面的几种形状

采用手持式或支腿式轻型凿岩机进行浅孔钻凿时, 一般应用小直径钎头配锥体连接钎杆, 如图 1 – 2 所示。钎头由钎头本体和球齿两部分组成。钎头是直接破碎岩体的部分: 在各种坚固性岩石中, 通过球齿的冲击转动破碎岩石, 形成岩孔。钎杆是支持钎头传递凿岩机冲击应力和扭矩的结构件, 由钎钢制成。钎杆按照结构功能可划分为钎锥、杆体、钎肩、钎柄和水孔五部分。钎锥用于与钎头连接。钎肩用于钎杆与凿岩机的轴向定位。钎柄用于实现钎杆与凿岩机的连接。贯穿钎杆轴心的中心孔用作冲洗水或压缩空气的通道, 以排除钻孔时被破碎的岩粉。H22 型钎杆的长度在 1.7 ~ 2.0 m。H22 型锥体连接钎杆由边距为 22 mm 的正六角形钎钢经锻造钎肩和钎锥成形等工艺加工而成, 因此正六角形钎钢的综合性能直接影响钎杆的使用寿命。

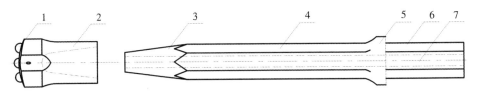

图 1 – 2　锥体连接钎具

1—球齿; 2—钎头本体; 3—钎锥; 4—杆体; 5—钎肩; 6—钎柄; 7—水孔

钎钢是凿岩爆破中必不可少的工具。炸药爆破时施加于单位岩体的能量为掘进功率的 60 ~ 100 倍, 爆破单位岩体的总时间为掘进机掘进时间的 30% ~ 50%, 钻爆的能耗费用为机械破岩能耗费用的 25% ~ 50%。矿产资源的开采, 铁道、公路、水利、水电等能源交通建设, 以及地质、建筑等部门, 都离不开钻爆作业和钎钢的使用[1-2]。

目前, 我国小直径轻型钎杆的平均寿命约为 150 m(钻进深度), 而国外同类产品的寿命高于 300 m。国际凿岩钎具市场的年容量近 100 亿美元, 而我国凿岩钎具年出口额仅有 1000 万美元左右。国产钎杆寿命短且质量不稳定的缺陷已成为我国采掘工业发展和钎钢出口的主要制约因素。

1.2　钎钢发展历程

钎钢生产从不同角度可以分为若干个阶段和时期。根据钎钢的钢材材质和生产方法，钎钢生产分为早期和现代钎钢两个大的发展阶段。

钎钢早期发展阶段通常是指 1920 年以前。凿岩工具的产生可追溯到很远的时代。人类在征服岩石中使用的铁凿子，就是最早的凿岩工具。早期钎钢以锻制的圆形碳素实心钎钢为主，主要用于人工手锤凿岩，生产效率低，使用寿命极短，品种单一。

现代钎钢的发展同材料科学与采矿业的发展紧密相连。高效凿岩机的出现，促使现代合金钎钢出现；而高质量钎钢的使用与发展，又进一步促进了高频率、大功率现代液压凿岩机的发展。现代钎钢以热轧抽芯的圆形和正六角形截面的合金钎钢为主。现代钎钢与高频率、大功率的冲击凿岩机配合钻凿，生产效率高。

1920 年，瑞典 HOFOR 的 SKF 滚珠轴承钢厂首先采用实心钢坯钻中心孔后插入高锰钢芯棒，经加热轧制后抽芯，得到钎钢的生产工艺。这种工艺被称为"钻孔带高锰钢芯热轧抽芯法"，简称钻孔法。钻孔法是现代化中空钎钢的主要生产工艺。在钻孔法生产过程中钎钢仅加热一次，钢材表面脱碳少，中心孔质量好，抗疲劳强度高。

欧美各工业发达国家钎钢行业快速发展的时期是 20 世纪 30—50 年代。钎钢的钢种和冶轧工艺技术已经相对定型，主要的制造厂家相对稳定。钎钢的钢种世界各国均大同小异，国外基本上仍以轴承钢的 95CrMo 和结构钢型的 30CrNi3Mo 为主。"机械钻孔带芯热轧抽芯法"是目前最主要的钎钢制造工艺。日本钎钢行业在 20 世纪 60 年代发展较快，日本的山阳特殊钢公司采用"热挤压法"生产少量 Φ38 mm 以上的中大截面钎钢材。美国个别钢厂采用"热穿孔—拉拔法"制造钎钢材。

20 世纪 60 年代至今，国外钎钢的新发展主要集中在以下四个方面：

① 瑞典开发了用于制作小截面钎杆的钎钢新钢种 Z708，现已普遍推广使用；

② 日本开发了用于制作中大截面整体渗碳钎杆的低碳合金渗碳钎钢新钢种 SKC31，适用于高频率大功率重型凿岩机；

③ 采用真空脱气、炉外精炼和计算机控制炼钢等新技术，开发了复合钎钢；

④ 开发了带不锈钢水孔内衬的钎钢。

中国钎钢的发展主要经历了以下三个阶段。

① 仿制阶段(1951—1965 年)。钢种是仿苏联的 T7，T8，T9 等碳素钢，生产工艺是采用车床改装的简易深孔钻床来仿照国外"机械钻孔带芯热轧抽芯法"。1952 年以后钎钢制造工艺主要采用普管铸管法。

② 创新阶段(1966—1980 年)。结合当时的国内资源与生产条件，研制了三个不含 Ni，Cr 的硅锰钼系合金钎钢新钢种——55SiMnMo，35SiMnMoV 和 40MnMoV。开发出了合金铸管带芯热轧抽芯法和热穿孔三辊减径滚模热拔法等钎钢生产新工艺。

③ 提高阶段(1981 年至今)。为适应液压凿岩机的发展和大批进口重型凿岩设备的需要，开发了大中截面钎杆用钢；研制了 40SiMnCrMoV，22SiMnCrNi2Mo 等钎钢新钢种；开展了钎杆工作时承受应力的研究，实验检测出小截面钎杆应力载荷谱，研制了小截面钎杆凿岩寿命室内模拟试验台；开发出热穿孔三辊减径六辊对称孔型轧制法生产钎钢的新工艺与新装备。H22 中空六角形锥形连接钎杆钻凿单轴抗压强度为 220～300 MPa 的花岗岩时，平均寿命达 150～180 米/支。

1.3　钎钢研究现状

钎杆的使用寿命取决于钎钢的综合性能、凿岩条件和使用技术三个方面。以前关于钎杆使用寿命的研究大多集中在钎杆使用过程中的应力、应变状态分析、寿命评估、钎钢钢种的选择及热处理工艺方面。文献[3]～[5]涉及钎钢的轧制工艺。文献[5]～[9]阐述了对钎钢的轧制工艺进行分析和研究的成果。

1871 年，瑞典 Sandvik 公司开始生产中空钢材。先将碳钢圆坯沿钢坯中轴线机械钻孔，在其内孔装填硬质粉末，之后用焊接的方式堵住两端，热轧成材后切头并用压缩空气清除孔内的填充物。这个工艺中装填和清渣操作都十分困难，而且坚硬的填充物容易导致内孔缺陷。1883 年，英国人 Hadfield 发明了一种奥氏体高锰钢，这种钢的热膨胀系数比一般珠光体钢的大，受拉时钢材整体均匀伸长，可伸长 40% ~60%，这些性能为用它制作中空钢的芯材提供了有利条件。1920 年，瑞典 SKF 钢厂生产钎钢时先在钢坯中心钻孔，插入高锰钢芯棒，加热后轧制，最终抽芯后得到中空钢材。这种方法在轧制过程中仅需要一次加热，钢材表面脱碳少，芯孔尺寸精度好，大大改善了材质的抗疲劳强度，从此奠定了现代中空钢生产的主要工艺——"机械钻孔带高锰钢芯热轧抽芯法"，也就是现在的机械钻孔法。20 世纪 30 年代中期，重型大功率凿岩机出现，碳素中空钢已经无法满足其要求，SKF 钢厂提出采用高碳合金钢制作中空钢，之后欧洲各国开始采用合金钎钢。60 年代，日本钎钢行业开始快速发展。1962 年，日本山羊特殊钢公司采用热挤压法制作了双层金属的复合中空钢；虽然该产品具有很高的使用寿命，但由于制作成本较高未能得到广泛推广。1973 年，瑞典 Sandvik 公司建成了基于计算机控制，利用步进式加热炉和 P629 预应力高精度轧机，平立辊相间跟踪式布置的现代化中空钢专用轧钢车间。

1951 年，我国才开始在抚顺钢厂试制碳素中空钢，日本、美国、瑞典已经抛弃碳素中空钢改用合金钢，因此国产中空钢质量和产量均无法满足当时生产需要，需要大量进口。1952 年后，"普管铸管法"为主要的中空钢制造工艺。1962 年，开始生产试制 100SiMn 和 T8Cr 两个新钢种，同时少量仿制国外的 95CrMo。之后，结合我国国情，研制了三个新钢种——55SiMnMo，35SiMnMoV，40MnMoV，这三个钢种成为国内小钎杆的主要钢种。同时开发了"合金铸管法""热穿热拔法"等新工艺。1976 年，颁布了冶金行业标准 YB159 - 76 凿岩钎杆用中空钢，开始了以合金钎钢为主的新时期。近年来，我国钎钢行业发展迅猛，研制了 40SiMnCrMoV，22SiMnCrNi2Mo，23CrNi3Mo，18CrNi3MoV 等新钢种，开发了"热穿—三辊减径—多孔型轧制法"生产钎钢工艺。但高质量的小钎杆还是以"机械钻孔法"为主，材料以 55SiMnMo 为主，工业化大生产的 H22 小钎杆产品钻凿单轴抗压强度为 200 ~300 MPa 的花岗岩时，平均寿命可达 150 ~180 米/支。

以往关于钎钢质量的研究大都采用实验方法分析钎杆使用过程中的疲劳寿命、应力应变状态、钎钢钢种材料选择和热处理工艺等方面。在 20 世纪 80 年代，赵统武等[10-11]根据对实际钻进过程钎杆应力波的大量测定，利用随机算法研究了钎钢工作载荷谱，为钎钢损伤机制的研究和疲劳寿命的估测奠定了基础。黎炳雄、洪达灵[12]分析了不同化学成分、不同相变原理下内壁强化的方法，将合金钢作为内衬获得了内壁强化的效果，可以提高钎杆在工作过程中的使用寿命。王嘉新[13]利用断裂力学的一些观点，基于 Paris 疲劳公式分析了稀土元素对 55SiMnMo 钢疲劳扩散速率的影响。苏联东方金属矿科学研究所的托普卡耶夫等[14]对不同的钎钢进行了高温热处理，分析了高温热处理工艺对钎钢性能的影响，还分析了车削颈槽深度对六角形中空钢疲劳强度的影响。塔拉诺夫[15]改进了连接钎杆的结构，生产制造了 MF 型连接钎杆和 P102，P152 管状钎杆；通过实际钻凿分析，这种新型钎杆具有较高的工作效率和使用寿命。东北工学院（现东北大学）的宋守志、徐小荷等[16-19]对采用不同热处理方法的55SiMnMo 钢试样在腐蚀条件下的疲劳行为进行了研究，结果表明正火加回火热处理对提高钎杆疲劳寿命效果最好，同时利用计算机程序估算了钎杆的疲劳寿命。贵钢钎钢研究所的顾太和[20]通过分析不同冶轧工艺下的钎钢性能和凿岩寿命，指出缩孔夹杂、晶粒粗化、脱碳等冶金缺陷都会影响钎钢的疲劳寿命。华南理工大学的刘正义等[21-26]提出正火态 55SiMnMo 贝氏体钢的金相成分有特殊上贝氏体和块状复合结构两种，并利用光学显微镜、电子显微镜、X 射线衍射和拉伸试验等试验方法对钢种微观组织的形态、钎杆热处理后的性能、钎杆失效的典型断口等进行了详细的研究，为今后 55SiMnMo 贝氏体钢微观金相研究奠定了坚实的基础。刘世华[27]基于疲劳强度理论建立了钎杆寿命的估算方法，采用局部应力应变法对钎杆进行了理论分析，推导出估算钎杆使用寿命的公式。郑光海等[28]通过实验分析得到 ZK55SiMnMo 钢早期失效的部分原因：钎钢在锻造加热时加热时间控制不当，会造成微裂纹，从而影响使用寿命。清华大学的林健等[29]提出了一种处理钎杆残余应力的崭新方式——磁处理法，利用动态磁场来改善残余应力分布，从而提高钎杆的使用寿命。清华大学的邢军等[30]根据波动力学和冲击钻进动力学，基于有限寿命设计原理，分析了影响钎杆抗断性能和使用寿命的主要因素，并提出了一种薄壁管式新型钎杆。王筑生等[31]进行了 H22 小钎杆高频拉压疲劳实验，意外发现了一种疲劳寿命非常高的工艺，并对此做了分析。武钢研究院的许竹桃等[32]通过先进的测试设备分析了 55SiMnMo 钢在使用过程中发生脆性断裂的原因，结果表明，钎杆微观组织不均匀是导致其脆性断裂的主因。贵州大学的熊家泽[33]将应力分析与应力波形分析相结合，得到了锥形连接钎杆的疲劳试验参数，指出在压力104 kN、循环拉压力 826 kN 的条件下，可以比较好地模拟钎杆在实际矿山使用中的失效状况。

至今为止，对钎杆疲劳寿命的影响最为重要的轧制工艺参数和冷却工艺参数的分析较少。刘清彪[34]对 55SiMnMo 六角钎钢正火工艺进行了详细分析，找出了一种提高钎杆寿命比较理想的热处理方法。钢铁研究总院的徐曙光等[35]对不同终轧温度及轧后冷却速度的工艺进行了现场试验，测定了不同的冷却速度和终轧温度下轧件的硬度合格率和硬度波动区间。王兴[36]分析了正六角钎钢孔型设计的一些原则，提供了 H22 小钎杆二辊轧制道次设计的一般思路。中国地质大学的赵文雅等[37]基于传热学基本方程，以 42CrMo 钢为例，分析了相变潜热对温度场模型的影响，为下一步预测材料微观组织和机械性能奠定了基础。赵玉倩等[38-40]基于有限元分析软件对"热穿热拔法"生产钎钢的轧制过程进行了有限元数值模拟，分析了轧制工艺参数及管坯尺寸对中空钢成品几何尺寸精度的影响。张鹏飞[41]基于遗传算法和刚塑性有限元软件对中空钢轧制孔型系统进行了优化，得到了一组针对某厂生产线较为合理的孔型参数。

1.4　热穿热轧法钎钢生产工艺

目前钎钢的主要生产方法有 4 种，分别为钻孔热轧法、铸管热轧法、热穿热拔法和热穿热轧法[42-44]。

① 钻孔热轧法。钻孔热轧法生产钎钢是将实心钢锭加热后开坯，把钢坯切成定尺长度，使用扒皮车床剥去氧化表皮，再在专用深孔钻床上将实心钢坯中心钻通孔。钻孔直径由实心钢坯截面尺寸和钎钢成品的截面及中心孔尺寸计算得到。然后，将高锰钢芯棒装入空心钢坯之中一起加热；接下来，采用横列式轧机或半连轧机多道次轧制成材。钻孔热轧法生产钎钢的历史已经超过 100 年，瑞典 Sandvik 公司以钻孔法生产 H22 型钎钢，主要工艺流程如图 1 - 3 所示。尽管钻孔法可以稳定地生产出高精度、高质量的钎钢，但需对实心钢坯进行钻孔，要损失 10% 左右的金属。同时，钻头费用高，并增加芯棒制造、装芯、抽芯等辅助工序，因此生产工艺复杂、成本高。

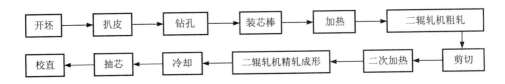

图 1-3　钻孔热轧法生产钎钢的工艺流程

　　② 铸管热轧法。首先,在铸锭前将合金钢管固定在钢锭模中央,铸造成有中心孔的钢锭;然后,在空心钢锭中插入高锰钢芯棒,一起加热后,由横列式轧机轧制成形;最后,抽出芯材,得到钎钢。国内某厂铸管热轧法生产钎钢的主要工艺流程如图 1-4 所示。把钢管铸在钢锭中央形成内孔是铸管法的主要特点。铸管法冶炼浇注整模复杂,铸温控制要求高,镇静时间受限制,铸成锭后易出现内孔偏心。

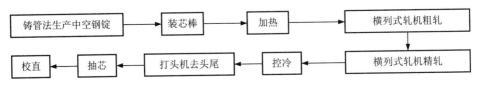

图 1-4　铸管热轧法生产钎钢的工艺流程

　　③ 热穿热拔法。钎钢是一种径厚比为 3 ~ 3.7 的厚壁无缝钢管。热穿热拔法生产钎钢采用了与无缝钢管制造相似的方法,中心孔由穿孔工艺完成。穿孔后的毛管再经轧头、拉拔工序出成品。涟源钢铁厂以热穿热拔法生产钎钢,其主要工艺流程如图 1-5 所示。热穿热拔法解决了缩孔和非金属夹杂及锭表面质量问题。但在穿孔及空减径过程中,易产生内裂或折叠。穿孔和减径的轧制工艺参数决定钎钢综合性能。同时轧头工序浪费材料,拉拔过程中钎钢承受较大的拉拔力,影响产品质量。

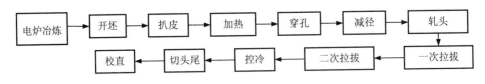

图 1-5　热穿热拔法生产钎钢的工艺流程

　　④ 热穿热轧法。湖北大地钎具厂以热穿热轧法生产钎钢,主要工艺流程如图 1-6 所示。实心圆坯经锯切定尺后完成机械式定心,使用 5 个 DGF-T-502 中频感应加热器将坯料加热至 1050 ℃,内外温差在 50 ℃ 以内,使用 F50

曼内斯曼式二辊斜轧机对实心坯进行斜轧穿孔，阿塞尔式三辊斜轧机对毛管坯进行无张力减径，然后由六辊对称分布的轧机实现六角形一次热轧成形，最后摇摆冷床空冷后精整[45]。

图 1 – 6　热穿热轧法生产钎钢的工艺流程

综合比较上述 4 种钎钢生产工艺，其主要区别在于中心孔的产生方法和六角形的成形方法两个方面。

第一方面，中心孔的产生方法主要有钻孔法、铸孔法和热穿孔法 3 种。相对钻孔法和铸孔法，热穿孔法能显著降低能耗。热穿时金属塑性高，变形抗力低，金属变形的能量消耗低。热穿孔法可以破坏钢锭的铸造组织和细化钢材的晶粒，并消除显微组织的缺陷，从而使钢材组织密实，力学性能得到改善。因此，相对钻孔法和铸孔法，热穿孔法工艺具有明显的发展优势。但是，热穿孔法存在内孔尺寸及表面质量难以控制的问题。通过对热穿孔法过程进行深入的理论分析，得到热穿孔法工艺参数对中心孔偏心及椭圆度的影响趋势，进而将中心孔内表面质量及尺寸精度控制在合理的范围内是发挥热穿孔钎钢生产优势的途径。

第二方面，正六角形的成形方法有二辊横列式轧机热轧成形法、热拔成形法和新型六辊轧机对称轧制成形法 3 种。二辊横列式轧机需十道次箱形孔型和菱形孔型交替轧出正六角形，生产效率低，轧件变形过程中外表面容易出现折叠缺陷。热拔成形时轧头工序浪费材料，拉拔过程中钎钢承受较大的拉拔力，影响产品质量。六辊轧机对称轧制外六角形比热穿热拔法工艺减少了三道工序，因此六辊轧机对称轧制外六角形工艺更具发展潜力。

综合考虑，目前，我国最具发展潜力的钎钢生产工艺是热穿热轧法。本书以热穿热轧法生产钎钢的轧制工艺为主要研究对象。

对不同生产方法的钎钢断面进行对比分析，如图 1 – 7 所示。从图中可以看出，钎钢试件 1 的内孔周正，椭圆度小，较光滑，表面质量较好。钎钢试件 2 的外表面六角形几何尺寸准确，内孔椭圆度较大。

计算钎钢截面尺寸对抗弯截面模量的影响，如表 1 – 1 所示。从表中可以看出，当椭圆度和偏心量增加时，抗弯截面模量减小。钎钢横截面尺寸直接影响抗弯截面模量，抗弯截面模量影响钎钢的综合性能。

（a）钎钢试件 1 的横断面　　　　　　　　　（b）钎钢试件 2 的横断面

图 1 - 7　钎钢断面照片

表 1 - 1　截面尺寸对抗弯截面模量的影响

序号	截面尺寸/mm		抗弯截面模量/mm³	截面尺寸示意图
1	B	22.00	1100.03	
	d_1	7.00		
	d_2	7.00		
	δ	0.00		
2	B	22.00	1054.46	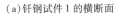
	d_1	7.00		
	d_2	7.90		
	δ	0.00		
3	B	22.00	1005.47	
	d_1	7.00		
	d_2	7.90		
	δ	1.00		

　　热穿热轧法生产的钎钢内孔尺寸精度问题最突出。从轧制变形过程出发，分析工艺参数对内孔尺寸精度的影响是改善钎钢生产工艺的第一步。

　　晶粒尺寸直接影响钢材的综合性能。目前，针对钎钢成形过程中微观组织演变的研究还是空白。分析工艺参数对晶粒尺寸的影响是改善钎钢生产工艺的第二步。

1.4.1　拉拔

　　拉拔是在外加拉力作用下，迫使金属坯料通过模孔，以获得相应形状与尺寸制品的塑性加工方法，如图 1 - 8 所示。它是管材、棒材、型材及线材的主要生产方法之一。

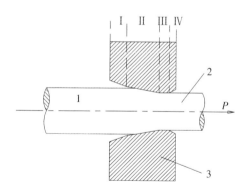

图 1 - 8　拉拔示意图

1—坯料；2—成品；3—模子；Ⅰ—润滑带；Ⅱ—压缩带；Ⅲ—定径带；Ⅳ—出口带

　　拉拔按照制品截面形状分为实心材拉拔与空心材拉拔两种。实心材拉拔主要包括棒材、型材及线材的拉拔，空心材拉拔主要包括管材及空心异型材的拉拔。其中，空心材拉拔又分为空拔、长芯杆拉拔、固定短芯头拉拔、游动芯头拉拔、顶管法、扩径拉拔等。

　　拉拔与其他压力加工方法相比，具有以下特点：① 拉拔制品的尺寸精确，表面不粗糙；② 拉拔生产的工具与设备简单，维护方便，在一台设备上可以生产多种品种与规格的制品；③ 最适合于连续高速生产断面非常小的长制品；④ 拉拔道次变形量和两次退火间的总变形量受到拉拔应力的限制。一般道次加工率在 20% ~ 60%，过大的道次加工率将导致拉拔制品的尺寸、形状不合格，甚至频繁地被拉断；过小的道次加工率会使拉拔道次、退火和酸洗等工序增多，成品率和生产率降低。

　　整体空拔所设计的拉模如图 1 - 9 所示；结果不理想，如图 1 - 10 所示。主要是金属在拉模中的流动性不好，造成充不满边角。如果增大压缩带的倾角和原材料的尺寸，又会造成拉拔力和摩擦力过大，发生拉断。

图 1 - 9　空拉模子

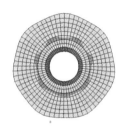

图 1 - 10　空拔后的形状

为了解决金属流动性在整模中不能发挥和滑动摩擦力过大发生拉断等问题，采用滚动模拉伸方法进行拉拔，即在一周内布置七个辊模形成七角孔型来进行拉拔。

滚动模拉伸有以下优点：① 以滚动摩擦代替滑动摩擦，使拉伸力降低30%~50%；② 改变了变形区的应力状态，降低了轴向拉拔力，能充分发挥金属塑性潜力，提高道次变形能力；③ 使金属制品组织更加均匀，提高了制品的机械性能；④ 显著地降低了模耗；⑤ 非常适合减径拉伸和异型材加工；⑥ 线材不需要预处理，不需要酸洗和润滑，减少了工序，操作更加简单；⑦ 辊模自由旋转，易于维修和处理，氧化皮和脏物不会牢牢固着在产品及模面上，从而极大地减少了拉伸中最易出现的因黏模而拉断现象的发生，当然这也与滚拉中变形区发热小有关。正是因为滚动模拉伸具有以上优点，所以才选择了这种拉拔方法。这样就克服了空拔拉模的设计困难，消除了拉断，而且有利于金属的流动。后面会具体说明用拉模法来拉拔七角中空钢的数值模拟过程。

1.4.2 轧制

轧制过程是靠旋转的轧辊与轧件之间形成的摩擦力将轧件拖进辊缝之间，并使其受到压缩产生塑性变形的过程。轧制过程除使轧件获得一定形状和尺寸外，还必须使组织和性能得到一定程度的改善。为了了解和控制轧制过程，必须对轧制过程形成的变形区及变形区内的金属流动规律有一定的了解。

（1）轧制变形的主要参数

轧件承受轧辊作用发生变形的部分称为轧制变形区，即从轧件入辊的垂直平面到轧件出辊的垂直平面所围成的区域 AA_1B_1B（图 1－11），通常又把它称为几何变形区。轧制变形区主要参数有咬入角和接触弧长度。

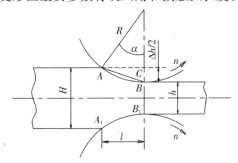

图 1－11　变形区的几何形状

轧件与轧辊相接触的圆弧所对应的圆心角称为咬入角。压下量与轧辊直径及咬入角之间存在如下关系：

$$\Delta h = 2(R - R\cos\alpha) \tag{1-1}$$

由 $\cos\alpha = 1 - \dfrac{\Delta h}{D}$，得

$$\sin\frac{\beta}{2} = \frac{1}{2}\sqrt{\frac{\Delta h}{R}} \tag{1-2}$$

当 α 很小时（$\alpha < 10°$），取 $\sin\dfrac{\alpha}{2} = \dfrac{\alpha}{2}$，可得

$$\alpha = \sqrt{\frac{\Delta h}{R}} \tag{1-3}$$

式中，D，R——轧辊的直径和半径；

　　　　Δh——压下量。

轧件与轧辊相接触的圆弧的水平投影长度称为接触弧长度，即图 1-11 中的线段 AC。通常又把 AC 称为变形区长度。接触弧长度随轧制条件的不同而不同。

当两轧辊直径相等时，接触弧长度可由图 1-11 中的几何关系求得：

$$l = \sqrt{R\Delta h - \frac{\Delta h}{4}} \tag{1-4}$$

由于式(1-4)中根号里第二项较第一项小得多，因此可以忽略不计，则接触弧长度计算公式变为

$$l = \sqrt{R\Delta h} \tag{1-5}$$

式(1-5)求出的接触弧长度实际上是弦 AB 的长度，可用它近似代替 AC 的长度。

当两轧辊直径不相等时，接触弧长度可由式(1-6)确定：

$$l = \sqrt{\frac{2R_1 R_2}{R_1 + R_2}\Delta h} \tag{1-6}$$

式中，R_1，R_2——上、下两轧辊的半径。

（2）轧制条件

从轧件与轧辊接触开始到轧制结束，轧制过程一般分为 3 个阶段：从轧件与轧辊开始接触到充满变形区为第一个不稳定过程；从轧件充满变形区到尾部开始离开变形区为稳定轧制过程；从尾部开始离开变形区到全部脱离轧辊为第

二个不稳定过程。轧制过程能否建立是指这 3 个过程能否顺利进行。在生产实践过程中，经常能观察到轧件在轧制过程中出现卡死或打滑现象，说明轧制过程出现障碍。下面分析影响轧制过程顺利进行的两个重要条件。

轧制过程能否建立，首先决定于轧件能否被旋转轧辊顺利拽入，实现这一过程的条件称为咬入条件。为实现轧件咬入，外界可能给轧件推力或速度，使轧件交碰到轧辊前已有一定的惯性力或冲击力，这对咬入顺利进行有利。因此，轧件如能自然地被轧辊拽入，其他条件下的拽入过程也能实现。"自然咬入"是指轧件以静态与辊接触并被拽入。轧件受力分析如图 1 - 12 所示。

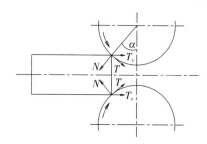

图 1 - 12　咬入时轧件受力

在接触点(实际上是一条沿辊身长度的线)，轧件受到轧辊的压力 N 及摩擦力 T 作用。N 沿轧辊径向，T 沿轧辊切线方向且与 N 垂直。T 与 N 满足库仑摩擦定律，即

$$T = fN \qquad\qquad (1 - 7)$$

式中，f——摩擦因数。

定义轧制中心线为轧件纵向对称轴线，则咬入条件为沿轧制方向力的矢量和大于或等于零，即

$$T_x - N_x \geqslant 0 \qquad\qquad (1 - 8)$$

所以

$$f \geqslant \tan\alpha \qquad\qquad (1 - 9)$$

由于摩擦因数可用摩擦角 β 表示，即 $f = \tan\beta$，所以

$$\beta \geqslant \alpha \qquad\qquad (1 - 10)$$

即咬入条件为摩擦角 β 大于或等于咬入角 α，β 大于 α 越多，轧件越容易被拽入轧辊内。

轧件被轧辊拽入后，轧件前端与轧辊轴心连线间夹角 δ 不断减小(见图 1 - 13)，一直到 $\delta = 0$(见图 1 - 14)，进入稳定轧制阶段。表示 T 与 N 合力的 F 作

用点的中心角 φ 在轧件充填辊缝的过程中不断变化。随着轧件逐渐充满辊缝，合力作用点向轧件轧制出口方向倾斜，φ 角自 $\varphi = \alpha$ 逐渐减小，向有利于拽入方面发展。进入稳定轧制阶段后，合力 F 对应的中心角 φ 不再发生变化，并为最小值。即

$$\varphi = \alpha_y / K_x \qquad (1-11)$$

式中，K_x——合力作用点系数；

　　　α_y——稳定轧制阶段咬入角。

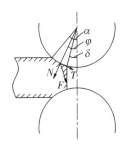

图 1-13　填充辊缝过程　　　　图 1-14　稳定轧制阶段

假设稳定轧制阶段接触表面摩擦因数为 f_y，轧件厚度、压下量、轧制力和其他相关参数均保持不变，根据力学理论可得

$$\alpha_y \leq K_x \beta_y \qquad (1-12)$$

式中，β_y——摩擦角。

式(1-12)表明，当 $\alpha_y \leq K_x \beta_y$ 时，轧制过程顺利进行；反之，轧件在轧辊上打滑，不前进。一般地，在稳定轧制阶段，$\varphi = \frac{1}{2}\alpha_y$，即 $K_x = 2$，故可近似写成 $\beta_y = \frac{1}{2}\alpha_y$。因此，假设由咬入阶段过渡到稳定轧制阶段的摩擦因数不变及其他条件相同，稳定轧制阶段最大咬入角是刚刚咬入时最大咬入角的 2 倍。

在以下要进行的轧制数值模拟中，结合本书中用到的轧辊和坯料的具体性能参数，根据以上轧制条件进行计算，经验算符合轧制条件，所以轧制模拟是可以顺利进行的。

1.5　钎钢几何结构设计及存在问题

近百年来，国内外采掘工业凿岩工程用中空钎钢，只有正六边形和圆形两

种。六边形钎钢的名义内切圆直径系列为：B19，B22，B25，B28，B32，B35，B38，B45，B48 mm；圆形钎钢的名义直径为：D32，D38，D45，D51 mm。六边形系列钎钢工作时，会沿着 6 个平面的法线力方向弯曲；圆形钎钢则会沿着任意力方向弯曲。名义直径相同时，圆形钎杆抗拉压和抗弯曲能力不如六边形钎杆的。因此，国内外广泛使用的小直径硬质合金整体钎子和锥体连接钎杆，都不用圆形而一律使用六边形；在隧道等水平巷道施工中，钻车凿岩用的重型螺纹连接钎杆，也一律使用六边形钎杆而不用圆形钎杆。此外，在其他采矿等接杆凿岩工程领域，为了延长连接部分的使用寿命和减轻钎杆柱的重量，以提高凿岩效率，也日益广泛地采用比相同名义直径圆形钎杆低一级的六边形轻型系列钎杆。

圆形钎杆的优点仅体现在：钻凿向下垂直孔时，因不承受弯曲应力，具有比所有外接圆直径相同的正多边形钎杆更大一些的横截面积。自然界广泛生长的各种树木，因为垂直竖立，又需要最大限度地减少各个力方向的迎风面积，同时最大限度地加大横截面积，从而进化为圆形。但是，仅就凿岩工程中钎杆横截面几何形状的优劣而论，相同名义直径的 H32，H38，H45 mm 六边形钎杆比 D32，D38，D45 mm 圆形钎杆的横截面积和抗弯模数都大，因而使用寿命也更长；使用中因不易弯曲（相当于在圆形钎杆外沿增加了对称分布的 6 条加强"筋"）和转钎操作方便而改善了作业条件。如果就六边形钎杆的外接圆直径而论，也只比相同名义直径的圆形钎杆大 4～7 mm，对钻凿中大直径的炮孔和钻车施工作业无任何不利影响。因此，在冲击式凿岩工程领域，用多边形钎杆取代圆形钎杆，用正多边形钎钢取代圆形钎钢，可能成为我国长钎具工业的发展方向之一。

正多边形钎钢的边数，直接决定了它的横截面积、惯性矩和抗弯模数的大小，也就直接决定了它的抗拉压疲劳断裂和抗弯曲能力，而这会直接影响钎杆的使用寿命。相同外接圆直径条件下，边数越多，其横截面积和惯性矩越大，钎杆寿命越长。但是，正多边形钎钢的边数，还要受工作条件和钎钢轧制工艺的制约，不可能无限制地增加边数。例如，制作硬质合金整体钎子和锥体连接钎杆用的内切圆直径为 19，22，25 mm 的钎钢，既考虑延长钎杆寿命，又考虑带肩钎柄转钎的需要，则以设计正七边形和正八边形钎钢为好。特别是带奇数边的正七边形钎钢，每一个可能发生弯曲的平面法线力方向，都正对着一个抵抗弯曲的三角形加强"筋"。显然，用正七边形、正八边形钎钢制作的整钎和锥体连接钎杆(如图 1-15 所示)的使用寿命和抗弯曲能力都会明显优于现用的正六边形钎钢的。

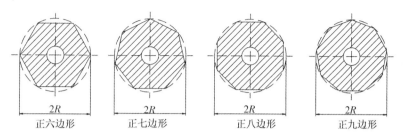

正六边形　　　正七边形　　　正八边形　　　正九边形

图 1-15　几种正多边形中空钎钢的结构参数

实际选用的钎钢边数,应随相应的钎钢名义直径确定。钎钢直径较小,则边数少,反之亦然,但都应大于 6 边。常用的正七边形、正八边形、正九边形 3 种新型钎钢,以及原用的正六边形钎钢,其几何结构参数及抗拉压与抗弯曲性能比较见表 1-2 和图 1-16、图 1-17。

表 1-2　名义直径 22 mm 的几种中空钢抗拉与抗弯性能比较

外形及名义尺寸		项目						
		代号	内切圆直径 Φ/mm	内空直径 Φ/mm	外接圆直径 Φ/mm	横截面积 /mm²	惯性矩 I_x/mm⁴	抗弯模量 W/mm³
22	正六变形	H22	22	6.1	25.403	396.931	14020.343	1258.471
	正七边形	Q22	22.978			422.733	15750.038	1354.512
	正八边形	B22	23.562			437.694	16803.060	1409.870
	正九变形	J22	23.965			448.120	17561.139	1448.892

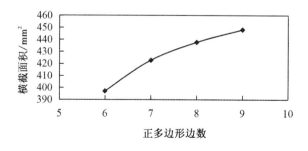

图 1-16　名义直径 22 mm 的几种多边形钎钢横截面积的变化

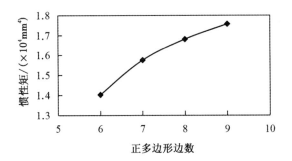

图1-17 名义直径22 mm的几种多边形钎钢惯性矩的变化

从表1-2可知,新型正七边形、正八边形、正九边形钎钢的横截面积,比原用正六边形钎钢的横截面积增大5.4% ~ 11.2%,惯性矩增大了9.6% ~ 19.0%,抗弯模量相应增加了9.6%以上,这明显有利于延长新型钎杆的使用寿命并增强其抗弯曲能力。

具有奇数边的正七边形和正九边形中空钎钢,相比正六边形和正八边形中空钎钢具有更好的抗断裂和抗弯曲能力。研究钎杆用奇数边钎钢成形过程,常常涉及金属流动速度场、应力场、应变场、温度场等分布量的定量计算及多场耦合,传统的金属成形理论很难精确处理这类问题,因而无法预测轧件质量。而以有限元为代表的数值分析方法,解决这类问题比较方便。

第 2 章　钎钢成形技术及理论

　　钎钢的成形是一个非常复杂的过程，它既是几何非线性，又是材料非线性，且接触状态不断发生变化。采用传统的初等分析法、滑移线理论和上限分析法对它的轧制过程进行分析都有局限性。随着电子计算机的兴起和广泛应用，出现了许多以数值分析方法为特征的现代轧制理论，最有代表性的是塑性成形中的有限单元法。在金属塑性成形有限元分析方法中，选择适宜的求解方法是模拟真实的关键。本章系统地论述了钎钢成形过程所涉及的数值模拟方法研究进展、影响钎钢疲劳寿命的因素、弹塑性有限元法的本构关系、流变应力特征点的数学模型以及钎钢成形工艺参数优化所采用的人工神经网络预测模型，为后续建立合理的理论模型、选择适宜的求解方法提供了理论依据。

2.1　数值模拟研究

2.1.1　热轧过程有限元模拟研究

　　随着计算机技术的发展，计算机数值模拟技术被应用到钢铁冶金领域，迅速发展成该领域工程分析、研究和设计的重要工具。在轧制领域利用数值模拟技术，可以在轧机设备设计、轧制生产前制定工艺及生产过程中调整工艺时对轧制过程进行变形、温度等参数的计算，可以代替物理模拟和现场试验，从而降低制造成本。早在 1943 年，Courant 首次提出了有限单元的概念。之后，Argyris 等又进一步对结构矩阵分析进行了研究[46]。1956 年，Turner 等将钢架位移法推广应用到弹性力学平面问题上，并给出了利用三角单元求解平面应力问题的答案。1960 年，Clough[47]首先提出"有限元法"概念，他认为有限元法为 Rayleigh 函数和分片函数的结合。1973 年，Lee 等[48]首次提出了刚塑性有限元法和矩阵列式的概念，极大地推动了有限元数值模拟技术在塑性成形领域的应用。之后，非常多的研究者[49-53]利用有限元技术进行了金属轧制过程温度场和应力场的耦合计算；尤其是近些年商业有限元软件的推广，使有限元法成为求解金属热轧过程的一种基本方法。

由于金属在热轧成形过程中同时存在高温和变形的作用，其宏观变形行为和微观组织演变相互影响，因此越来越多的学者利用有限元技术来分析轧制工艺参数对微观组织演变及其机械性能的影响。随着有限元数值模拟技术的发展，轧制过程微观组织演变预测是现阶段的研究热点之一[54-57]。利用有限元法来进行轧制过程微观组织演变模拟的基础是建立金属微观组织演变模型。目前在塑性成形领域，微观组织演变模型主要有3种：经验公式、统计模型和基于内变量的物理模型。这3种模型中应用得最多的、商业有限元软件常使用的是经验公式[58]。微观组织演变的经验公式大都通过大量实验数据回归得到。由于该方法实用、简单且准确度高，国内外很多学者针对不同材料回归了微观组织演变模型。通常的实验方法都是模拟简单的镦粗变形，通过拟合试验曲线获得材料模型的参数，然后将这些模型引入到有限元程序中进行计算，最后在试样剖面上取若干点对其奥氏体平均晶粒度的模拟值和实验值进行对比。20世纪90年代初，德国Aachen大学的Kopp等[59]根据已知材料的实验数据提出了一组用于模拟金属热变形过程的动态再结晶、静态再结晶和晶粒长大的演变方程，并利用有限元法对二维热镦粗过程的动态再结晶演变进行了模拟。

目前，除极少数新的微观组织演变模型外，大部分微观组织演变的经验模型都是基于Kopp提出的经验模型。之后，国外许多学者[60-65]利用有限元法来计算轧制过程微观组织演变规律。在国内，王连生等[66]利用有限元法对热加工过程中动态再结晶及晶粒尺寸进行了模拟研究。燕山大学的张芳[67]利用Gleeble 3500热模拟试验机通过单道次和多道次等温热压缩实验，建立了Cr5钢奥氏体晶粒长大模型，分析了Cr5钢热加工过程中工艺参数对奥氏体晶粒长大的影响规律。北京科技大学的康永林等[68]对H型钢热轧过程进行了数值模拟及应用，主要包括热力微观组织耦合数值模拟、轧后残余应力的数值模拟以及H型钢机械性能预测。上海大学的沈斌等[69]应用商业软件DEFORM－3D对船板钢进行了多道次有限元模拟，分析了热轧过程微观组织演变规律，通过钢厂温度测量值与仿真计算值的对比验证了热轧模拟的可靠性及正确性。中国石油大学的贺庆强等[70]为了优化型材轧制工艺，通过热模拟实验和金相分析建立了Q235钢奥氏体动态再结晶和晶粒长大模型，基于该模型，利用有限元法模拟了 11 道次 H 型钢热轧过程,分析了轧制过程轧件内应力、温度、应变和奥氏体晶粒大小的演变情况。大连理工大学的岳重祥等[71]基于商业有限元软件 MSC. Marc,建立了 GCr15 轴承钢棒材热轧过程的有限元模型,预测了轧制过程轧制力、轧制变形情况及轧件内部微观组织演变情况,实现了在棒材实际轧制前计算机虚拟仿真。宁波大学的束学道等[72]建立了 42CrMo 钢的动态再结晶模型,分析了挤压式楔横轧制过程轧件内部的微观组织演变规律。

2.1.2　高温流变应力模型的研究进展

材料热成形过程流变应力行为通常非常复杂,其加工硬化和软化机制主要受材料化学成分、应变、应变速率和变形温度的影响[73]。在塑性加工领域,为了提高材料的性能,需要精确控制成形过程的工艺参数,材料的高温热变形行为对轧制过程的轧制力和金属塑性流动有很大影响。因此,高温热变形行为的研究对控制钢材的成形过程,实现晶粒细化,提高钢材强韧性有重要意义。目前,许多研究者已经对流变应力本构方程进行了研究,这些模型主要可以分为 3 类:唯象本构模型,基于物理性质的本构方程和人工神经网络(ANN)模型。

① 唯象本构模型包括 JC(Johnson-Cook)模型[74]、KH(Khan-Huang)模型[75]、KHL(Khan-Huang-Liang)模型[76]、FB(Fields-Backofen)模型[77]、KLF(Khan-Liang-Farrokh)模型[78]、MR(Molinari-Ravichandran)模型[79]、Arrhenius 模型等。其中,Arrhenius 模型是唯象本构模型里应用最广泛的,国内外许多学者[80-84]研究了不同材料的 Arrhenius 模型,但大部分研究用来表达稳态应力与应变速率及温度的关系。当变形较小、温度较低或应变速率较大时,材料还未进入稳态,应力随应变的变化情况无法描述。Lin 等[85]充分考虑了热变形工艺参数(应变、应变速率和变形温度)对流变应力的影响,建立了考虑应变速率补偿的一种改进的 Arrhenius 模型。之后,很多研究者[86-91]也基于应变速率的影响,建立了不同钢种的流变应力模型。

② 基于物理性质的本构方程包括 ZA(Zerilli-Armstrong)模型[92]、DRX(Dynamic recrytallization)模型、PTW(Preston-Tonks-Wallace)模型[93]、VA(Voyiadjis-Almasri)模型[94]、RK(Rusinek-Klepaczko)模型[95]、BP(Bodner-Partom)模型[96]、CA(Cellular Automaton)模型[97]等。其中,研究最多的是 DRX 模型,这个模型考虑了材料内部微观组织的变化对流变应力的影响。在塑性成形过程中,位错密度的变化是最重要的微观组织变化之一。Senuma 等[98]将位错密度变化引入高温变形抗力模型的计算,并将此模型成功地应用到板带热连轧机组。Yoshie

等[99]基于 Senuma 提出的位错密度变化模型，提出了含铌合金钢工作硬化和动态回复阶段流变应力本构方程，Suh 等[100]在此基础上对模型进行了改进。Laasraoui 和 Jonas[101]在考虑位错密度变化的基础上，研究了加工硬化率与应力的关系，提出了流变应力本构方程的分段模型。

③ 以上两种模型都是基于热压缩试验利用回归分析确定本构方程的，而材料高温流变应力行为是高度非线性的，许多影响流变应力行为的因素也是非线性的，有时无法准确地回归模型。而人工神经网络模型却不受这个限制，只要样本足够多，ANN 会准确地预测任意变形温度、变形速率下应变对应的流变应力值。近些年，许多研究者[102-106]进行了 ANN 模型在工业和学术上的研究。

2.2　影响钎钢疲劳寿命的因素

钎钢用于钎杆制作，其破断通常有以下 4 个显著特点：① 疲劳断口没有明显的塑性变形，属于脆性断裂；② 断裂面通常垂直于钎杆轴线；③ 断裂区上可以看到裂纹源、裂纹扩展区及静断区；④ 钎杆芯孔内表面和外表面均存在裂纹源。这些特点表明，钎杆的破断主要由疲劳所致。目前，影响国产钎杆疲劳寿命的因素主要有凿岩条件、使用技术和钎钢的内在质量。凿岩中岩石是基本的条件，岩石越硬，钎杆受到的复合应力越大，使用寿命也就越低；如果是在腐蚀性介质中工作，对其疲劳极限也有很大影响。在凿岩过程中，操作不当也会增加钎杆附加的弯曲应力，从而降低钎杆的使用寿命。钎钢产品内在质量是影响其寿命的最直接原因，目前制约国内 H22 小钎杆产品内在质量的因素主要有以下 5 个方面。

（1）材质影响

国内 H22 小钎杆主要使用 55SiMnMo 贝氏体钢，而国外小钎杆产品通常使用 Si－Mn－Cr－Mo 高强度合金钢。通常情况下，合金钢的疲劳强度随抗拉强度的提高而提高，合金元素会在一定程度上提高产品的抗拉强度，相应地也提高了疲劳强度。钢中非金属夹杂物是产生疲劳裂纹的主因，会破坏钢体的连续性，引起杆体的应力集中，最终导致疲劳强度的降低。

（2）坯料内壁疏松的问题

钢坯在钻孔后，芯孔内壁上还会存在疏松缺陷，在后续加热轧制中空钢时，缺陷处会形成微小裂纹（属于一种先天不可焊合的缺陷），在轧制过程中，这些

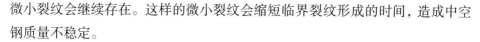

微小裂纹会继续存在。这样的微小裂纹会缩短临界裂纹形成的时间，造成中空钢质量不稳定。

（3）芯孔几何精度的影响

由于国内企业加热制度和轧制孔型系统制定存在问题，机械钻孔法生产的 H22 小钎杆产品普遍存在芯孔偏心和椭圆的问题。根据大量 H22 小钎杆失效统计，80% 的断口裂纹源于芯孔，芯孔的偏心和椭圆在钎杆使用过程中均会引起应力集中，导致失效，降低钎杆的使用寿命。

（4）轧制过程钢奥氏体晶粒度的控制问题

奥氏体晶粒度的大小对钎杆疲劳寿命的影响比较复杂。一方面，组织越均匀，晶粒越细小，钢的抗拉强度越高，疲劳强度也就越高；另一方面，晶粒度的大小影响硬度值，硬度越高，疲劳缺口敏感度 q 越大，裂纹对缺口形状越敏感，越容易引起破断。对于 55SiMnMo 钢，细小的奥氏体晶粒可以获得较为细小的特殊上贝氏体，可以保证具有比较好的钻凿寿命。

（5）冷却过程中金相组织的控制问题

对于 55SiMnMo 钢，其金相组织为特殊上贝氏体和少量块状复合结构时，钎杆的力学性能较好，钻凿寿命高。其金相组织含量主要取决于轧制过程的终轧温度和冷却制度，如果轧后冷却速率过大，块状复合结构含量增加，硬度随之提高，更容易产生脆性破断；若冷却速率过小，特殊上贝氏体含量过多，产品硬度不足，疲劳强度下降，钻凿寿命不高。因此，控制中空钢终轧温度和轧后冷却速率，取得合理的金相组织，是提高钎杆疲劳强度的重要方法。

2.3　弹塑性有限元法的本构关系

应力与应变的关系有各种不同的近似表达式和简化式。根据 Prandtl-Reuss 流动理论和 Mises 屈服准则，当外作用力较小时，变形体内的等效应力小于屈服极限时为弹性状态。当外力增加到某一个值，等效应力达到屈服应力，材料进入塑性状态，这时变形增量包括弹性变形和塑性变形两部分，即

$$\mathrm{d}\{\varepsilon\} = \mathrm{d}\{\varepsilon\}_e + \mathrm{d}\{\varepsilon\}_p \tag{2-1}$$

式中，e，p——弹、塑性。

在弹性阶段，应力与应变关系符合胡克定律；进入塑性状态后，符合 Prandtl-Reuss 流动理论，下面分别讨论。

2.3.1 弹性阶段

在弹性阶段，应力和应变的关系是线性的，应变仅决定于最后的应力状态，与变形过程无关，并且一一对应，有下面全量形式。

$$\{\sigma\} = [D]_e \{\varepsilon\} \tag{2-2}$$

式中，$[D]_e$——弹性矩阵，对于各向同性材料，由广义胡克定律可得

$$[D]_e = \frac{E}{1+\nu} \begin{bmatrix} \dfrac{1-\nu}{1-2\nu} & \dfrac{\nu}{1-2\nu} & \dfrac{\nu}{1-2\nu} & 0 & 0 & 0 \\ \dfrac{\nu}{1-2\nu} & \dfrac{1-\nu}{1-2\nu} & \dfrac{\nu}{1-2\nu} & 0 & 0 & 0 \\ \dfrac{\nu}{1-2\nu} & \dfrac{\nu}{1-2\nu} & \dfrac{1-\nu}{1-2\nu} & 0 & 0 & 0 \\ 0 & 0 & 0 & \dfrac{1}{2} & 0 & 0 \\ 0 & 0 & 0 & 0 & \dfrac{1}{2} & 0 \\ 0 & 0 & 0 & 0 & 0 & \dfrac{1}{2} \end{bmatrix} \tag{2-3}$$

式中，E——弹性模量；

ν——泊松比。

2.3.2 弹塑性阶段

当材料所受外力达到一定值时，等效应力达到屈服极限。应力与应变之间的关系由弹塑性矩阵 $[D]_{ep}$ 决定，下面导出弹塑性矩阵。

等效应力为

$$\bar{\sigma} = \frac{1}{\sqrt{2}} \sqrt{(\sigma_x - \sigma_y)^2 + (\sigma_y - \sigma_z)^2 + (\sigma_z - \sigma_x)^2 + 6(\tau_{xy}^2 + \tau_{yz}^2 + \tau_{zx}^2)} \tag{2-4}$$

求导，得

$$\frac{\partial \bar{\sigma}}{\partial \sigma_x} = \frac{3}{2}\frac{S_x}{\bar{\sigma}}, \quad \frac{\partial \bar{\sigma}}{\partial \sigma_y} = \frac{3}{2}\frac{S_y}{\bar{\sigma}}, \quad \frac{\partial \bar{\sigma}}{\partial \sigma_z} = \frac{3}{2}\frac{S_z}{\bar{\sigma}} \tag{2-5}$$

$$\frac{\partial \bar{\sigma}}{\partial \tau_{xy}} = 3\frac{\tau_{xy}}{\bar{\sigma}}, \quad \frac{\partial \bar{\sigma}}{\partial \tau_{yz}} = 3\frac{\tau_{yz}}{\bar{\sigma}}, \quad \frac{\partial \bar{\sigma}}{\partial \tau_{zx}} = 3\frac{\tau_{zx}}{\bar{\sigma}}$$

由 Prandtl-Reuss 关系, 有

$$d\varepsilon_{ij}^{p} = \frac{3}{2} \frac{d\bar{\varepsilon}^{p}}{\bar{\sigma}} S_{ij} \qquad (2-6)$$

将式(2-5)代入式(2-6), 得

$$d\varepsilon_{x}^{p} = \frac{\partial\bar{\sigma}}{\partial\sigma_{x}} d\bar{\varepsilon}^{p}, \quad d\varepsilon_{y}^{p} = \frac{\partial\bar{\sigma}}{\partial\sigma_{y}} d\bar{\varepsilon}^{p}, \quad d\varepsilon_{z}^{p} = \frac{\partial\bar{\sigma}}{\partial\sigma_{z}} d\bar{\varepsilon}^{p}$$

$$d\gamma_{xy}^{p} = \frac{\partial\bar{\sigma}}{\partial\tau_{xy}} d\bar{\varepsilon}^{p}, \quad d\gamma_{yz}^{p} = \frac{\partial\bar{\sigma}}{\partial\tau_{yz}} d\bar{\varepsilon}^{p}, \quad d\gamma_{zx}^{p} = \frac{\partial\bar{\sigma}}{\partial\tau_{zx}} d\bar{\varepsilon}^{p} \qquad (2-7)$$

写成矩阵形式为

$$d\{\varepsilon\}_{p} = \frac{\partial\bar{\sigma}}{\partial\{\sigma\}} d\bar{\varepsilon}^{p} \qquad (2-8)$$

其中, $d\{\varepsilon\}_{p} = [d\varepsilon_{x}^{p}, \quad d\varepsilon_{y}^{p}, \quad d\varepsilon_{z}^{p}, \quad d\gamma_{xy}^{p} \quad d\gamma_{yz}^{p} \quad d\gamma_{zx}^{p}]^{T}$;

$\quad \partial\{\sigma\} = [\partial\sigma_{x}, \quad \partial\sigma_{y}, \quad \partial\sigma_{z}, \quad \partial\tau_{xy}, \quad \partial\tau_{yz}, \quad \partial\tau_{zx}]^{T}$。

又因有

$$d\bar{\sigma} = \frac{\partial\bar{\sigma}}{\partial\sigma_{ij}} d\sigma_{ij} \qquad (2-9)$$

写成矩阵乘积形式为

$$d\bar{\sigma} = \left(\frac{\partial\bar{\sigma}}{\partial\{\sigma\}}\right)^{T} d\{\sigma\} \qquad (2-10)$$

设 H' 为硬化曲线 $\bar{\sigma} - \int d\bar{\varepsilon}^{p}$ 上任一点斜率, 即

$$H' = \frac{d\bar{\sigma}}{d\bar{\varepsilon}^{p}} \qquad (2-11)$$

将式(2-10)代入式(2-11), 得

$$\left(\frac{\partial\bar{\sigma}}{\partial\{\sigma\}}\right)^{T} d\{\sigma\} = H' d\bar{\varepsilon}^{p} \qquad (2-12)$$

$$d\{\sigma\} = [D]_{e} d\{\varepsilon\}_{e} \qquad (2-13)$$

再利用式(2-1), 可得

$$d\{\sigma\} = [D]_{e} (d\{\varepsilon\} - d\{\varepsilon\}_{p}) \qquad (2-14)$$

两边乘以 $\left(\frac{\partial\bar{\sigma}}{\partial\{\sigma\}}\right)^{T}$, 可得

$$\left(\frac{\partial \bar{\sigma}}{\partial \{\sigma\}}\right)^{\mathrm{T}} \mathrm{d}\{\sigma\} = \left(\frac{\partial \bar{\sigma}}{\partial \{\sigma\}}\right)^{\mathrm{T}} [D]_{\mathrm{e}} (\mathrm{d}\{\varepsilon\} - \mathrm{d}\{\varepsilon\}_{\mathrm{p}}) \qquad (2-15)$$

利用式(2-8)和式(2-12)，式(2-15)可写成

$$H' \mathrm{d}\bar{\varepsilon}^{\mathrm{p}} = \left(\frac{\partial \bar{\sigma}}{\partial \{\sigma\}}\right)^{\mathrm{T}} [D]_{\mathrm{e}} \mathrm{d}\{\varepsilon\} - \left(\frac{\partial \bar{\sigma}}{\partial \{\sigma\}}\right)^{\mathrm{T}} [D]_{\mathrm{e}} \frac{\partial \bar{\sigma}}{\partial \{\sigma\}} \mathrm{d}\bar{\varepsilon}^{\mathrm{p}} \qquad (2-16)$$

由此，得

$$\mathrm{d}\bar{\varepsilon}^{\mathrm{p}} = \frac{\left(\dfrac{\partial \bar{\sigma}}{\partial \{\sigma\}}\right)^{\mathrm{T}} [D]_{\mathrm{e}} \mathrm{d}\{\varepsilon\}}{H' + \left(\dfrac{\partial \bar{\sigma}}{\partial \{\sigma\}}\right)^{\mathrm{T}} [D]_{\mathrm{e}} \dfrac{\partial \bar{\sigma}}{\partial \{\sigma\}}} \qquad (2-17)$$

$$\mathrm{d}\{\varepsilon\}_{\mathrm{p}} = \frac{\dfrac{\partial \bar{\sigma}}{\partial \{\sigma\}} \left(\dfrac{\partial \bar{\sigma}}{\partial \{\sigma\}}\right)^{\mathrm{T}} [D]_{\mathrm{e}} \mathrm{d}\{\varepsilon\}}{H' + \left(\dfrac{\partial \bar{\sigma}}{\partial \{\sigma\}}\right)^{\mathrm{T}} [D]_{\mathrm{e}} \dfrac{\partial \bar{\sigma}}{\partial \{\sigma\}}} \qquad (2-18)$$

将式(2-18)代入式(2-14)，得

$$\mathrm{d}\{\sigma\} = \left[[D]_{\mathrm{e}} - \frac{[D]_{\mathrm{e}} \dfrac{\partial \bar{\sigma}}{\partial \{\sigma\}} \left(\dfrac{\partial \bar{\sigma}}{\partial \{\sigma\}}\right)^{\mathrm{T}} [D]_{\mathrm{e}}}{H' + \left(\dfrac{\partial \bar{\sigma}}{\partial \{\sigma\}}\right)^{\mathrm{T}} [D]_{\mathrm{e}} \dfrac{\partial \bar{\sigma}}{\partial \{\sigma\}}} \right] \mathrm{d}\{\varepsilon\} \qquad (2-19)$$

由式(2-5)，有

$$\frac{\partial \bar{\sigma}}{\partial \{\sigma\}} = \left[\frac{3S_x}{2\bar{\sigma}}, \frac{3S_y}{2\bar{\sigma}}, \frac{3S_z}{2\bar{\sigma}}, \frac{3\tau_{xy}}{\bar{\sigma}}, \frac{3\tau_{yz}}{\bar{\sigma}}, \frac{3\tau_{zx}}{\bar{\sigma}} \right]^{\mathrm{T}} \qquad (2-20)$$

则

$$[D]_{\mathrm{e}} \frac{\partial \bar{\sigma}}{\partial \{\sigma\}} = \frac{3[D]_{\mathrm{e}}}{2\bar{\sigma}} [S_x, S_y, S_z, 2\tau_{xy}, 2\tau_{yz}, 2\tau_{zx}]^{\mathrm{T}} \qquad (2-21)$$

将式(2-3)代入式(2-21)，并注意到 $S_x + S_y + S_z = 0$，于是得

$$[D]_{\mathrm{e}} \frac{\partial \bar{\sigma}}{\partial \{\sigma\}} = \frac{3G}{\bar{\sigma}} [S_x, S_y, S_z, \tau_{xy}, \tau_{yz}, \tau_{zx}]^{\mathrm{T}} \qquad (2-22)$$

因有

$$\left([D]_{\mathrm{e}} \frac{\partial \bar{\sigma}}{\partial \{\sigma\}} \right)^{\mathrm{T}} = \left(\frac{\partial \bar{\sigma}}{\partial \{\sigma\}} \right)^{\mathrm{T}} [D]_{\mathrm{e}} \qquad (2-23)$$

$$\left(\frac{\partial \bar{\sigma}}{\partial \{\sigma\}} \right)^{\mathrm{T}} [D]_{\mathrm{e}} \frac{\partial \bar{\sigma}}{\partial \{\sigma\}} = 3G \qquad (2-24)$$

故令

$$[D]_{\mathrm{p}} = \frac{[D]_{\mathrm{e}} \dfrac{\partial \bar{\sigma}}{\partial \{\sigma\}} \left(\dfrac{\partial \bar{\sigma}}{\partial \{\sigma\}} \right)^{\mathrm{T}} [D]_{\mathrm{e}}}{H' + 3G} \qquad (2-25)$$

式(2-19)可写成

$$\mathrm{d}\{\sigma\} = ([D]_{\mathrm{e}} - [D]_{\mathrm{p}}) \mathrm{d}\{\varepsilon\} = [D]_{\mathrm{ep}} \mathrm{d}\{\varepsilon\} \qquad (2-26)$$

利用上述关系可将式(2-25)表示成显式，即

$$[D]_{\mathrm{p}} = \frac{9G^2}{(H' + 3G)\,\bar{\sigma}^2}
\begin{bmatrix}
S_x^2 & S_x S_y & S_x S_y & S_x S_y & S_x S_y & S_x S_y \\
S_x S_y & S_y^2 & S_y S_z & S_y \tau_{xy} & S_y \tau_{yz} & S_y \tau_{zx} \\
S_x S_y & S_y S_z & S_z^2 & S_z \tau_{xy} & S_z \tau_{yz} & S_z \tau_{zx} \\
S_x S_y & S_y \tau_{xy} & S_z \tau_{xy} & \tau_{xy}^2 & \tau_{xy} \tau_{yz} & \tau_{xy} \tau_{zx} \\
S_x S_y & S_y \tau_{yz} & S_z \tau_{yz} & \tau_{xy} \tau_{yz} & \tau_{yz}^2 & \tau_{yz} \tau_{zx} \\
S_x S_y & S_y \tau_{zx} & S_z \tau_{zx} & \tau_{xy} \tau_{zx} & \tau_{yz} \tau_{zx} & \tau_{zx}^2
\end{bmatrix}$$

$$(2-27)$$

2.3.3　塑性理论的三大法则

塑性变形是不可恢复的，与加载历史密切相关，故这类非线性问题叫作与路径相关的非线性。塑性应变的大小可能是加载速度快慢的函数，与应变率无关的塑性叫作与率无关的塑性；反之，则叫作与率相关的塑性。大多数的材料都有某种程度上的率相关性，但在很多静力分析所经历的应变率范围内，两者的应力-应变曲线差别不大，所以在一般的分析中，认为是与率无关的。

在 ABAQUS 材料非线性分析中，塑性应用最为广泛。塑性理论提供了一种表征材料弹塑性响应的数学关系，率无关的塑性理论有 3 条基本法则：屈服准则、流动准则和强化准则。下面分别讨论。

（1）屈服准则

屈服准则决定屈服发生时的应力状态。对单向受拉试件，通过简单地比较轴向应力与材料的屈服应力来决定是否有塑性变形发生；然而，对于多向应力状态，是否到达屈服点不是很明显，很有必要建立一个屈服准则。当知道了应力状态和屈服准则，程序就能确定是否有塑性应变发生。用表达式表示为

$$\bar{\sigma} = f(\{\sigma\}) \qquad (2-28)$$

式中，$\{\sigma\}$——应力矢量。

当等效应力 $\bar{\sigma}$ 超过材料屈服极限 σ_y 时，材料塑性应变将产生。对于金属材料，通常采用的屈服条件是 Mises 屈服准则。在三维主应力空间，Mises 屈服准则可以表示为

$$\bar{\sigma} = \sqrt{\frac{1}{2}\left[(\sigma_1 - \sigma_2)^2 + (\sigma_2 - \sigma_3)^2 + (\sigma_3 - \sigma_1)^2\right]} \qquad (2-29)$$

在三维空间中，屈服面是一个以 $\sigma_1 = \sigma_2 = \sigma_3$ 为轴的圆柱面；在二维空间中，屈服面是一个椭圆。在屈服面内部的任何应力状态都是弹性的，屈服面外部的任何应力状态都会引起屈服。

（2）流动准则

流动准则规定塑性应变增量的分量和应力分量以及应力增量分量之间的关系。它描述了发生屈服时塑性应变的方向。也就是说，流动准则定义了单个塑性应变分量（$\varepsilon_x^{\text{pl}}$，$\varepsilon_y^{\text{pl}}$ 等）随着屈服是怎样发展的。Mises 流动准则假设塑性应变增量可从塑性势导出，即

$$\mathrm{d}\varepsilon_{ij}^{\text{p}} = \mathrm{d}\lambda\,\frac{\partial Q}{\partial \sigma_{ij}} \qquad (2-30)$$

式中，$\mathrm{d}\varepsilon_{ij}^{\text{p}}$ ——塑性应变增量的分量；

$\qquad \mathrm{d}\lambda$ ——正的待定有限量，具体数值与材料硬化准则有关；

$\qquad Q$ ——塑性势函数，一般来说，是应力状态和塑性应变的函数，对于稳定的应变硬化材料，通常取和后继屈服函数 F 相同的形式。

塑性势是和屈服函数相关联的，塑性应变发生在垂直于塑性面的法线方向，所以 Mises 流动准则又称为法向流动准则。

（3）强化准则

强化准则描述了初始屈服准则随着塑性应变的增加是怎样发展的，也就是描述塑性流动过程中屈服面的修正情况。在 ABAQUS 程序中，主要有 4 种强化准则可以利用：等向强化、随动强化、Johnson-Cook、combined，也可以自定义。

等向强化规定，材料在进入塑性变形以后，加载曲面在各方向均匀地向外扩张，而其形状、中心及其在应力空间的方位均保持不变。它常用于大应变或者比例加载的数值模拟中。

随动强化规定，材料在进入塑性变形以后，加载曲面在应力空间作刚体移动，而其形状、大小和方位均保持不变。当某个方向的屈服应力升高时，其相反方向的屈服应力应该降低。

在随动强化中，由于拉伸方向屈服应力的增加导致压缩方向屈服应力的降

低，所以在对应的两个屈服应力之间总存在一个 $2\sigma_y$ 的差值，初始各向同性的材料在屈服后将不再是各向同性的。因此，不适合模拟大应变的问题。

2.4　流变应力特征点的数学模型

2.4.1　流变应力本构关系分析

在高温塑性变形条件下，通常利用本构方程式（2－31）来描述材料的流变应力状态。式（2－31）中，Zener-Hollomon 因子（Z）是经过温度补偿后的应变速率，是研究流变应力和动态软化行为的一个重要参数。

$$Z = \dot{\varepsilon}\exp\left(\frac{Q}{RT}\right) = f(\sigma) \qquad (2-31)$$

由式（2－31）可以看出，Z 参数是一个关于应力的函数，通常有 3 种表现形式：

$$Z = f(\sigma) = A'\sigma^{n'} \qquad (2-32)$$

$$Z = f(\sigma) = A''\exp(\beta\sigma) \qquad (2-33)$$

$$Z = f(\sigma) = A\left[\sinh(\alpha\sigma)\right]^n \qquad (2-34)$$

式中，A'，A''，A，n，n'，β，α——待定系数，$\alpha = \dfrac{\beta}{n}$；

$\qquad\qquad R$——普适气体常数，$R = 8.314\ \mathrm{J/(mol \cdot K)}$；

$\qquad\qquad T$——变形温度，K；

$\qquad\qquad Q$——变形激活能，kJ/mol；

$\qquad\qquad \dot{\varepsilon}$——应变速率，$\mathrm{s}^{-1}$；

$\qquad\qquad \sigma$——真应力，MPa。

式（2－32）适用于高温低应变率条件，该过程由扩散控制；式（2－33）适用于低温高应变率条件，是一个滑移控制过程；式（2－34）表示所有应力函数变化过程。

2.4.2　加工硬化率分析

在一定的应变速率和变形温度下，加工硬化率 θ 是材料真应力 σ － 真应变 ε 曲线的斜率，可用式（2－35）表示。基于加工硬化率和真应力、真应变之间的关系，许多研究者得出了确定动态再结晶临界应变的不同方法。Poliak 和 Jonas

认为，高温变形是一个热力学不可逆过程，在 $\theta-\sigma$ 曲线里加工硬化率拐点对应的真应力为动态再结晶的临界应力 σ_c，也就是说，$-d\theta/d\sigma$ 最小值对应的应力为临界应力，然后根据流变应力曲线确定临界应变 ε_c。同时，峰值应力 σ_p、稳态应力 σ_s、峰值应变 ε_p 和稳态应变 ε_s 也可以根据 $\theta-\sigma$ 曲线和 $\theta-\varepsilon$ 曲线得到，如图 2-1 和图 2-2 所示。

$$\theta = \frac{\partial\sigma}{\partial\varepsilon}\bigg|_{\dot{\varepsilon},T} \tag{2-35}$$

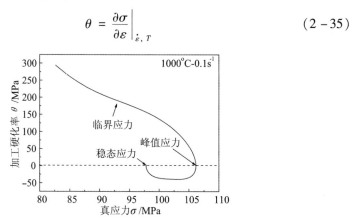

图 2-1 加工硬化率随真应力的变化规律

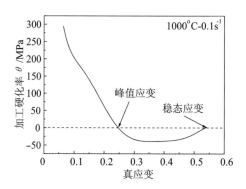

图 2-2 加工硬化率随真应变的变化规律

将 55SiMnMo 钢的动态再结晶型流变应力数据代入式（2-35），可以得到 θ 和 $-d\theta/d\sigma$ 与应力之间的关系，如图 2-3 所示。从图中可以看出，在不同的应变速率和变形温度下，加工硬化率都是随着应力的增加而迅速减小；每组样本均有一个应力值对应 $-d\theta/d\sigma$ 的最小值。所以，通过图 2-3（b）可以得到 55SiMnMo 钢的临界应力。

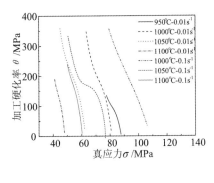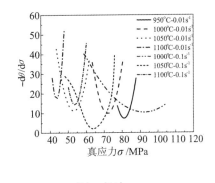

（a）$\theta - \sigma$　　　　　　　　　　（b）$- \mathrm{d}\theta / \mathrm{d}\sigma - \sigma$

图 2 - 3　在不同变形条件下加工硬化率分析

2.4.3　热变形常数的确定

为了利用式（2 - 31）描述 55SiMnMo 流变应力的本构方程，需要得到相关常数。对式（2 - 32）、式（2 - 33）、式（2 - 34）两边分别取对数，可以得到

$$\ln\dot{\varepsilon} + \frac{Q}{RT} = \ln A' + n'\ln\sigma_{\mathrm{p}} \tag{2 - 36}$$

$$\ln\dot{\varepsilon} + \frac{Q}{RT} = \ln A'' + \beta\sigma_{\mathrm{p}} \tag{2 - 37}$$

$$\ln\dot{\varepsilon} + \frac{Q}{RT} = \ln A + n\ln\sinh(\alpha\sigma_{\mathrm{p}}) \tag{2 - 38}$$

当温度一定时，设变形激活能为常数，对式（2 - 36）、式（2 - 37）、式（2 - 38）求偏导，可得

$$n' = \left.\frac{\partial\ln\dot{\varepsilon}}{\partial\ln\sigma_{\mathrm{p}}}\right|_{T} \tag{2 - 39}$$

$$\beta = \left.\frac{\partial\ln\dot{\varepsilon}}{\partial\sigma_{\mathrm{p}}}\right|_{T} \tag{2 - 40}$$

$$n = \left.\frac{\partial\ln\dot{\varepsilon}}{\partial\ln\sinh(\alpha\sigma_{\mathrm{p}})}\right|_{T} \tag{2 - 41}$$

将试验得到的不同变形温度条件下 55SiMnMo 钢的峰值应力随应变速率的变化情况代入式（2 - 39）、式（2 - 40）、式（2 - 41）中，绘制出 $\ln\dot{\varepsilon} - \ln\sigma_{\mathrm{p}}$，$\ln\dot{\varepsilon} - \sigma_{\mathrm{p}}$，$\ln\dot{\varepsilon} - \ln\sinh(\alpha\sigma_{\mathrm{p}})$ 关系图线，进行一元线性回归处理，如图 2 - 4 所示。

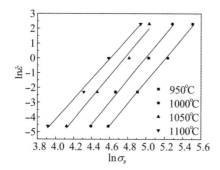

（a）$\ln\dot{\varepsilon} - \ln\sigma_p$

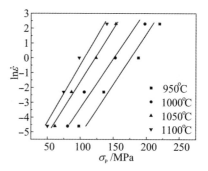

（b）$\ln\dot{\varepsilon} - \sigma_p$

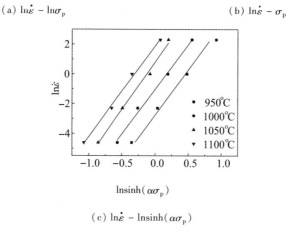

（c）$\ln\dot{\varepsilon} - \ln\sinh(\alpha\sigma_p)$

图2-4　不同温度下应变速率随峰值应变的变化规律

从图2-4中可以看出，55SiMnMo钢高温塑性变形应变速率和流变应力的双对数关系较好地满足了线性关系。线性回归得到：$n' = 7.431$，$\beta = 0.0499$，$\alpha = \beta/n' = 0.0067$，$n = 6.165$。

2.4.4　变形激活能的确定

金属的塑性变形是一个热激活的过程，在这个过程中，金属原子会发生激烈的热运动，这个运动原子需要跨越能量的"门槛值"，而这个值就是变形激活能(热变形激活能)。

当应变速率一定时，通过对式(2-36)、式(2-37)、式(2-38)求偏导，可以分别得到下面3个计算变形激活能的等式：

$$Q = Rn' \left[\frac{\partial \ln\sigma_p}{\partial(1/T)} \right]_{\dot{\varepsilon}} \tag{2-42}$$

$$Q = R\beta \left[\frac{\partial \sigma_p}{\partial(1/T)} \right]_{\dot{\varepsilon}} \tag{2-43}$$

$$Q = Rn\left[\frac{\partial \ln\sinh(\alpha\sigma_{\text{p}})}{\partial(1/T)}\right]_{\dot{\varepsilon}} \qquad (2-44)$$

将 55SiMnMo 钢的峰值应力随变形温度变化情况的有关数据代入式(2-42)、式(2-43)、式(2-44),进行一元线性回归,并绘出 $\ln\sigma_{\text{p}} - 1/T$, $\sigma_{\text{p}} - 1/T$, $\ln\sinh(\alpha\sigma_{\text{p}}) - 1/T$ 相应的关系图线,如图 2-5 所示。变形激活能线性回归结果的平均值分别为 312.006,294.613,318.537 kJ/mol。分析以上回归的平均相关系数 R^2 分别为 0.981625,0.98444,0.986298,可见回归最接近实验数据的公式为式(2-44)。因此,最终变形激活能为 318.537 kJ/mol。

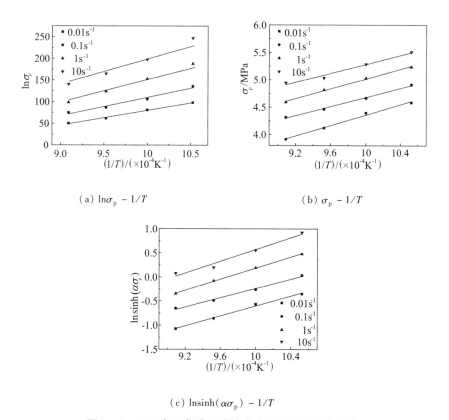

(a) $\ln\sigma_{\text{p}} - 1/T$

(b) $\sigma_{\text{p}} - 1/T$

(c) $\ln\sinh(\alpha\sigma_{\text{p}}) - 1/T$

图 2-5　不同变形条件下峰值应力随温度的变化规律

2.4.5　流变应力特征点与 Z 参数之间的关系

根据式(2-32)、式(2-33)、式(2-34)绘制 $\ln Z$ 与 $\ln\sigma_{\text{p}}$、σ_{p} 和 $\ln\sinh(\alpha\sigma_{\text{p}})$ 之间的关系,如图 2-6 所示,得到以下利用峰值应力回归方程:

$$Z = \dot{\varepsilon}\exp\left(\frac{318537}{RT}\right) = 0.507 \times \sigma_{\text{p}}^{7.652} \qquad (2-45)$$

$$Z = \dot{\varepsilon}\exp\left(\frac{318537}{RT}\right) = 1.361 \times 10^{12} \times \exp(0.0613 \times \sigma_{\mathrm{p}}) \quad (2-46)$$

$$Z = \dot{\varepsilon}\exp\left(\frac{318537}{RT}\right) = 6.594 \times 10^{15} \times \left[\sinh(0.0067 \times \sigma_{\mathrm{p}})\right]^{6.219}$$

$$(2-47)$$

55SiMnMo 钢流变应力特征点(临界应力 σ_{c}、临界应变 ε_{c}、峰值应力 σ_{p}、峰值应变 ε_{p}、稳态应力 σ_{s} 和稳态应变 ε_{s})和 Z 参数的关系,如图2-7所示。这些曲线回归得到下面6个方程:

$$\sigma_{\mathrm{c}} = 1.01 \times Z^{0.129} = 0.879\sigma_{\mathrm{p}} \quad (2-48)$$

$$\varepsilon_{\mathrm{c}} = 0.0012 \times Z^{0.132} = 0.448\varepsilon_{\mathrm{p}} \quad (2-49)$$

$$\sigma_{\mathrm{p}} = 1.149 \times Z^{0.129} \quad (2-50)$$

$$\varepsilon_{\mathrm{p}} = 0.00267 \times Z^{0.132} \quad (2-51)$$

$$\sigma_{\mathrm{s}} = 1.68 \times Z^{0.112} \quad (2-52)$$

$$\varepsilon_{\mathrm{s}} = 4.905 \times Z^{0.204} \quad (2-53)$$

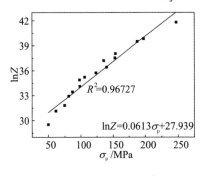

(a) $\ln Z - \sigma_{\mathrm{p}}$

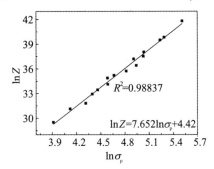

(b) $\ln Z - \ln \sigma_{\mathrm{p}}$

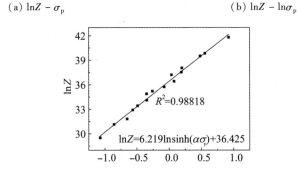

(c) $\ln Z - \ln\sinh(\alpha\sigma_{\mathrm{p}})$

图2-6 Z 参数与峰值应力之间的关系

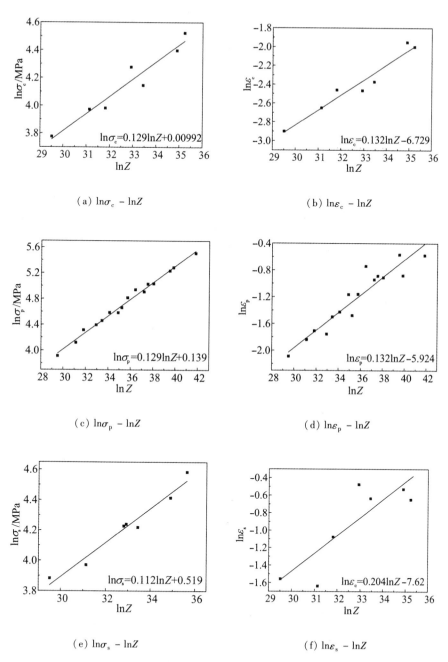

图 2-7 流变应力特征点与 Z 参数之间的关系

根据图 2-7 和式(2-49)可得，55SiMnMo 钢临界应变为峰值应变的 0.448 倍。这表明，当应变达到峰值应变的 0.448 倍时，开始发生动态再结晶。对于 C-Mn 钢，临界应力与峰值应力的比值 σ_c/σ_p 和之前报道的值($\sigma_c/\sigma_p=0.8$)一致；而临界应变和峰值应变比值 $\varepsilon_c/\varepsilon_p$ 给定的范围是 $0.3 \sim 0.9$。对于一些普碳钢较低的 $\varepsilon_c/\varepsilon_p$ 值 0.3 和 0.52 也有过报道。所以，对于 55SiMnMo 钢，σ_c/σ_p 和 $\varepsilon_c/\varepsilon_p$ 的值是合理可信的。

2.4.6　数值模拟验证

为了验证 55SiMnMo 钢流变应力本构方程的正确性，将回归得到的本构方程作为材料参数对等温热压缩变形过程进行三维有限元模拟。图 2－8 为模拟结果与实验结果的三维变形比较。图 2－8(a) 为实验结果，试样上下表面直径为 7.26 mm，中间最大直径为 8.5 mm，高度为 4.5 mm；图 2－8(b) 为有限元数值模拟结果，上下表面直径为 7.34 mm，中间最大直径为 8.48 mm，高度为 4.5 mm，与实验结果较为吻合。图 2－9 表示随时间变化的压力值模拟结果和实测结果的比较，可以看出模拟结果和实测结果吻合较好。

（a）实验试样　　　　　　　　　（b）模拟试样

图 2－8　实验和有限元三维变形对比

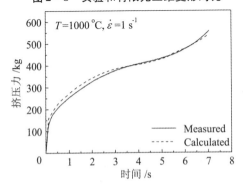

图 2－9　实验和有限元挤压力随时间变化曲线对比

2.5 考虑应变补偿的流变应力 Arrhenius 模型

国内外许多学者对金属材料的流变应力本构方程进行了研究,但大部分研究用来表达稳态应力与应变速率及温度的关系;当变形较小、温度较低或应变速率较大时,材料尚未进入稳态,应力随应变的变化情况无法描述。基于单向热压缩实验的结果,充分考虑了热变形工艺参数(应变、应变速率和变形温度)对流变应力的影响,建立了一种考虑应变速率补偿的高温流变应力本构方程。

2.5.1 变形温度和应变速率对流变应力的影响

图 2-10(a)和(b)分别表示当真应变值为 0.3 时,真应力在不同应变速率和变形温度下随温度和应变速率的变化规律。从图中可以看出,变形温度和应变速率对流变应力的影响很明显。对于 55SiMnMo 钢,变形温度越高,流变应力值越小;应变速率越低,流变应力值越小。这是因为,低的应变速率和高的变形温度为材料提供了足够的时间和能量,导致动态再结晶晶粒长大和形核及位错消失,最终导致应力降低。由上述分析可以得出,变形温度和应变速率对流变应力的影响是通过动态再结晶和位错软化机制造成的;热压缩试验的变形行为是一个热激活过程,变形温度和时间对动态再结晶过程有较大影响。

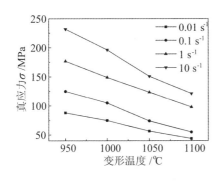
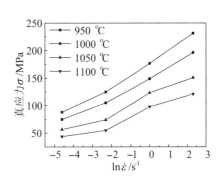

(a)变形温度的影响规律　　　　　　(b)应变速率的影响规律

图 2-10　变形温度和应变速率对流变应力的影响(真应变 0.3)

2.5.2 热变形本构方程

根据 2.4.1 节流变应力本构关系,将试验得到的不同变形温度条件下

55SiMnMo 钢在真应变为 0.3 时的应力随应变速率的变化情况代入式(2−39)、式(2−40)、式(2−41)中，绘制出 $\ln\dot{\varepsilon}-\ln\sigma$, $\ln\dot{\varepsilon}-\sigma$, $\ln\dot{\varepsilon}-\ln\sinh(\alpha\sigma_{p})$ 关系图线，进行一元线性回归处理，如图 2−11 所示。从图中可以看出，55SiMnMo 钢高温塑性变形应变速率和流变应力的双对数关系较好地满足了线性关系。线性回归得到：$n'=6.674$, $\beta=0.0626$, $\alpha=\beta/n'=0.00938$, $n=4.912$。同样地，将 55SiMnMo 钢在真应变为 0.3 时的应力随变形温度变化情况的有关数据代入式(2−14)，进行一元线性回归，并绘出 $\ln\sinh(\alpha\sigma)-1/T$ 相应的关系图线，如图 2−11(d)所示。变形激活能线性回归的结果为 448.972 kJ/mol。

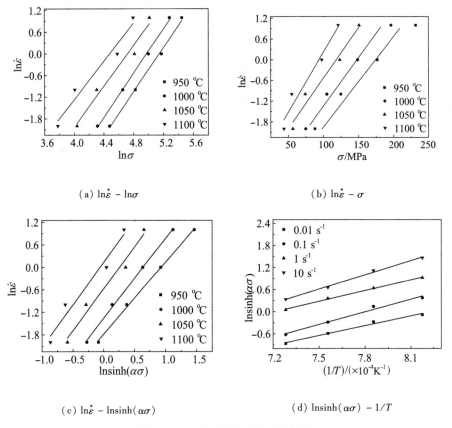

(a) $\ln\dot{\varepsilon}-\ln\sigma$ (b) $\ln\dot{\varepsilon}-\sigma$

(c) $\ln\dot{\varepsilon}-\ln\sinh(\alpha\sigma)$ (d) $\ln\sinh(\alpha\sigma)-1/T$

图 2−11 不同变量的线性拟合图

从以上分析可知，55SiMnMo 钢高温流变应力行为可用包含参数 Z 的函数来描述。根据式(2−34)和双曲正弦函数的定义可以得到流变应力的本构方程：

$$\sigma=\frac{1}{\alpha}\ln\left(\left(\frac{Z}{A}\right)^{\frac{1}{n}}+\left[\left(\frac{Z}{A}\right)^{\frac{2}{n}}+1\right]^{\frac{1}{2}}\right) \tag{2−54}$$

用以上方法分别计算出在不同变形应变条件下（$\varepsilon = 0.05 \sim 0.6$，间隔为 0.05）本构方程的热变形常数（$Q$，$A$，$\beta$，$n$ 和 α）。经过分析，计算出的材料参数与真应变之间存在一定的函数关系，材料各参数随应变变化关系如图 2 - 12 所示，可以用 4 次多项式拟合，结果如式（2 - 55）所示。

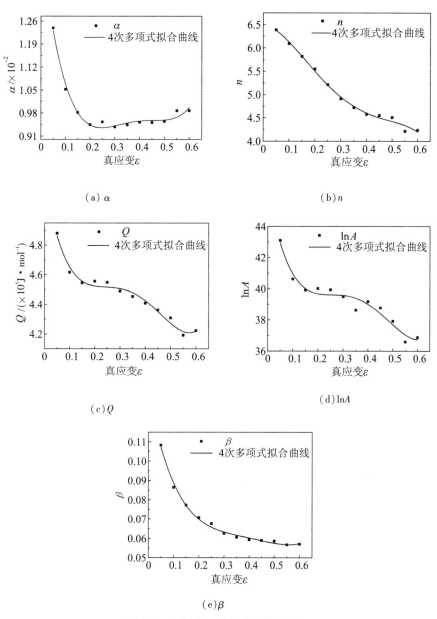

图 2 - 12　材料参数与应变的关系

$$\begin{cases} \alpha = 0.015 - 0.0657\varepsilon + 0.276\varepsilon^2 - 0.489\varepsilon^3 + 0.314\varepsilon^4 \\ n = 6.516 - 1.193\varepsilon - 35.483\varepsilon^2 + 95.5\varepsilon^3 - 72.918\varepsilon^4 \\ Q/10000 = 52.451 - 98.45\varepsilon + 986.933\varepsilon^2 - 1019.5\varepsilon^3 + 923.144\varepsilon^4 \\ \ln A = 46.454 - 89.64\varepsilon + 425.681\varepsilon^2 - 850.296\varepsilon^3 + 574.69\varepsilon^4 \\ \beta = 0.134 - 0.649\varepsilon + 2.293\varepsilon^2 - 3.752\varepsilon^3 + 2.294\varepsilon^4 \end{cases}$$

$$(2-55)$$

2.5.3 修正后的本构方程

为了验证上述得到的本构方程预测流变应力的可靠性，将不同应变、不同温度及应变速率的数值代入式(2-54)，得到相应的流变应力曲线，与实验测得的曲线进行对比，如图2-13所示。

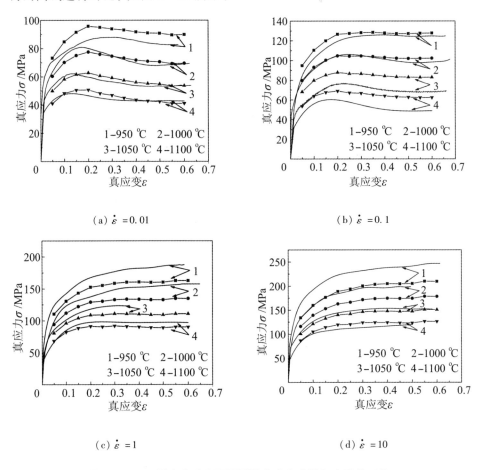

(a) $\dot{\varepsilon} = 0.01$

(b) $\dot{\varepsilon} = 0.1$

(c) $\dot{\varepsilon} = 1$

(d) $\dot{\varepsilon} = 10$

图2-13　不同应变速率下预测流变应力曲线与实验值对比

从图 2 - 13 可以看出，流变应力的预测值和实验值有明显的误差：在应变为 $0.01\ \text{s}^{-1}$ 和 $0.1\ \text{s}^{-1}$ 时，预测得到的真应力比实际应力大；而在应变为 $1\ \text{s}^{-1}$ 和 $10\ \text{s}^{-1}$ 时，预测得到的真应力比实际应力小。因此需要对本构方程进行修正。Lin 等提出对本构方程中的参数 Z 进行调整，考虑对应变速率进行补偿。为了减小低应变速率对应的应力值和增大高应变速率对应的应力值，在式（2 - 31）两边同时乘以 $\dot{\varepsilon}^{1/3}$，$\dot{\varepsilon}^{2/3}$，$(\dot{\varepsilon}+0.85)^{1/3}$，$(\dot{\varepsilon}+0.85)^{2/3}$，这样低应变速率对应的方程乘上的是一个小于 1 的参数，高应变速率对应的方程乘上的是一个大于 1 的参数，最终发现用 $(\dot{\varepsilon}+0.85)^{2/3}$ 修正模型预测的流变应力值效果较好。修正后参数 Z 表达式如式（2 - 56）所示：

$$Z' = \dot{\varepsilon} \cdot (\dot{\varepsilon}+0.85)^{\frac{2}{3}} \exp\left(\frac{Q}{RT}\right) \tag{2-56}$$

其中，$\ln Z' = \ln Z + \dfrac{2}{3}\ln(\dot{\varepsilon}+0.85)$。同时流变应力可以利用参数 Z' 修正为

$$\sigma = \frac{1}{\alpha}\ln\left(\left(\frac{Z'}{A}\right)^{\frac{1}{n}} + \left[\left(\frac{Z'}{A}\right)^{\frac{2}{n}} + 1\right]^{\frac{1}{2}}\right) \tag{2-57}$$

式中，α 和 A 可以从式（2 - 55）得到，Z' 因子可以从式（2 - 56）得到。

2.5.4　修正后本构模型的验证

为了验证本构方程的精确度，将不同的应变（$\varepsilon = 0.05 \sim 0.6$，间隔为 0.05）、应变速率和变形温度代入式（2 - 55）、式（2 - 56）、式（2 - 57），得到预测的流变应力值与实测值共 192 组数据进行对比，图 2 - 14 为 55SiMnMo 钢修正的本构方程预测的流变应力值和实验值的对比。预测得到的流变应力（σ_{c}）和实验得到的流变应力（σ_{m}）之间的误差 x 可用式（2 - 58）计算，标准偏差 S_{D} 可以用式（2 - 59）计算：

$$x = \frac{\sigma_{\text{c}} - \sigma_{\text{m}}}{\sigma_{\text{m}}} \times 100\% \tag{2-58}$$

$$S_{\text{D}} = \sqrt{\frac{\sum_{i=1}^{n}(x_i - \bar{x})^2}{n-1}} \tag{2-59}$$

式中，$\bar{x}$ ——一组误差数据的平均值；

n ——一组误差数据样本的数量。

将应变速率为 0.01，0.1，1，10 s^{-1}，不同的应变（$\varepsilon = 0.05 \sim 0.6$，间隔为 0.05）对应的 4 组流变应力数据代入式（2 - 58）、式（2 - 59），每组数据样本数

$n=48$，可以得到误差的标准偏差分别为 3.598%，4.826%，8.204%，8.223%。采用同样方法对变形温度为 950，1000，1050，1100 ℃对应的 4 组流变应力数据进行计算，可得其误差的标准偏差分别为 3.285%，6.033%，7.642%，8.151%。可以观察到，预测得到的流变应力和实验得到的流变应力之间的误差的标准偏差随着应变速率和变形温度的提高而增大，在 Lin 和 Krishnan 的研究中也可以找到类似的规律。在高应变速率和高变形温度下预测和实验得到的流变应力值产生误差的原因有两个方面：一方面，在高应变速率下，由于变形时间较短，变形产生的热量无法进行热传导，变形热造成温度升高，使流变应力软化；另一方面，此模型未考虑微观组织演变也会导致误差，进一步研究可以基于位错密度变化来分析动态软化机制对材料流变应力的影响。

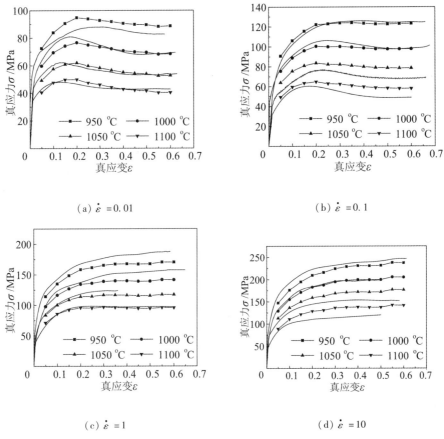

(a) $\dot{\varepsilon}=0.01$　　　　　　　　　　　(b) $\dot{\varepsilon}=0.1$

(c) $\dot{\varepsilon}=1$　　　　　　　　　　　(d) $\dot{\varepsilon}=10$

图 2-14　不同应变速率下预测流变应力值(考虑应变速率补偿)与实验值对比

采用相关性和平均相对误差进行分析以评价本构方程的精确度。相关系数常用来分析实验值和预测值之间线性关系的强弱。图 2 - 15 显示的是预测流变应力与实验值的相关性。可以看出，预测值和实验值相关性较好，相关系数为 0.983。由于相关性系数无法全面表达预测数据的准确性，为了更准确地描述本构方程的精确程度，引入平均相对误差 $AARE$，有

$$AARE = \frac{1}{N} \sum_{i=1}^{N} \left| \frac{E_i - P_i}{E_i} \right| \times 100\% \qquad (2-60)$$

式中，N——所用流变应力数值的个数，$N = 192$；

　　E_i——实验获得的应力值，MPa；

　　P_i——修正后数学模型的预测值，MPa。

通过计算，得到平均相对误差 $AARE = 6.265\%$，误差可以控制在 10% 以内，表明采用式(2 - 57)得到的 55SiMnMo 钢流变应力本构方程具有较高的精度。

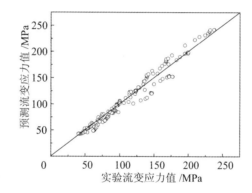

图 2 - 15　本构关系预测值与实验值的相关性

第3章　钎钢热穿热轧数值计算建模

本章针对曼内斯曼二辊斜轧穿孔过程建立三维热力耦合的非线性有限元模型，针对三辊斜轧空心减径过程、六辊对称轧制成形、滚动模拉拔成形及二辊带芯轧制成形，建立三维刚塑性有限元仿真分析模型[107-108]。

3.1　穿孔过程的三维刚塑性有限元建模

3.1.1　二辊斜轧穿孔工具

曼内斯曼二辊穿孔机斜轧穿孔变形区由轧辊、坯料、顶头和导板构成，如图 3-1 所示。

轧辊轴线相对轧制线倾斜，两条轴线在水平面的投影夹角为送进角 α。顶头鼻部与孔喉的距离为顶头前伸量 S，如图 3-1 所示。穿孔机工作时，两个轧辊同时逆时针旋转，圆形坯料在摩擦力作用下顺时针旋转。同时，由于送进角 α 的存在，轧件在旋转的同时沿轴向移动。在有顶头的变形区内，轧件的几何形状在横截面上是一个环形，在纵截面上是两个小底相接的锥形，中间插入一个弧形顶头。变形区形状决定着轧件的穿孔变形过程。穿孔送进角和顶头前伸量是影响变形区的两个重要工艺参数。

为便于理论分析，建立三维坐标系，如图 3-1 所示。y 轴为轧制中心线，称为轴向，原点在孔喉处。x 轴水平垂直于 y 轴，称为横向。z 轴铅垂，称为纵向，并根据右手定则取向上为正。

参考湖南某钎钢厂的技术资料，初步设计了 H22 型钎钢生产用工模具尺寸及工艺参数。H22 型钎钢热穿孔工序的任务是将外径为 45 mm 的实心坯料，轧制为外径为 46 mm、内径为 27 mm 的毛管，毛管送减径机减径为荒管后终轧成形为外六角中空结构。毛管的径厚比为 5，属于小直径厚壁无缝管。

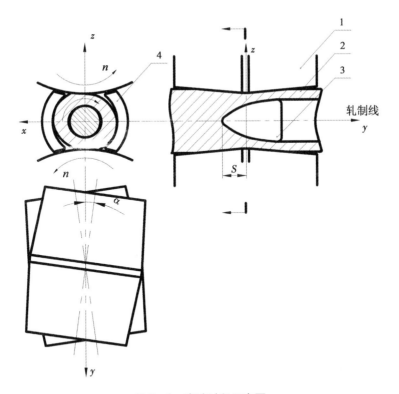

图 3 -1　穿孔过程示意图

1—轧辊；2—坯料；3—顶头；4—导板

（1）轧辊

轧辊的尺寸简图如图 3 -2 所示，轧辊最大直径 $D_m = 300$ mm，辊身长度 $L = 250$ mm，轧辊入、出口锥长 120 mm，轧辊入出口锥角 $\alpha_1 = 3.5°$，压缩带宽 $A = 10$ mm。

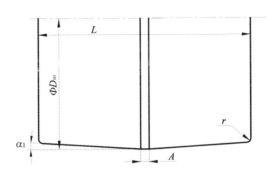

图 3 -2　轧辊尺寸图

（2）坯料

坯料选用钎钢专用钢材 55SiMnMo 合金钢棒。55SiMnMo 属于贝氏体钢种，是我国锥形连接钎杆的主要用钢。55SiMnMo 的物理特性见本书第 5 章。坯料直径 $d_z = 45$ mm，长度为 1.2 m。为了在穿孔时使顶头鼻部对准轧件轴线，在轧件的前端做一个不深的圆孔，称为定心。

根据钎钢实际生产过程，采用冷定心方法，即在专门机床上钻孔。定心孔尺寸由式（3-1）决定，取定心孔直径 $d_u = 7$ mm，深度 $l_u = 9$ mm。

$$d_u = (0.15 \sim 0.25)d_z \tag{3-1}$$

$$l_u = 0.2d_z \tag{3-2}$$

（3）顶头

小型穿孔机顶头长期在高温下工作，由于顶头体积小，难以实现冷却，所以其头部易被压堆，甚至头部熔化与轧件粘焊在一起。这种情况以一次穿孔顶头尤其严重，因此选择其外形结构及材质性能就很重要。在穿孔中采用锥型顶头，如图 3-3 所示。顶头长度 $L_2 = 60$ mm，最大直径 $d_m = 26$ mm，顶头鼻半径 $r_1 = 3$ mm，顶头穿孔锥半径 $r_2 = 130$ mm。

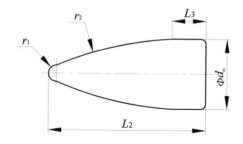

图 3-3 顶头尺寸图

（4）导板

导板的作用是与轧辊构成一个密封的孔型，以保证轧件沿着穿孔中心方向旋转前进，促使金属沿纵向方向变形，并限制横截面变形过大。

导板材质选用高碳高铬钢，导板长度 $L_1 = 140$ mm，压缩带处导板间距 $B = 48$ mm。

（5）轧制参数

送进角 $\alpha = 8°$，顶头前伸量 $S = 10$ mm，如图 3-1 所示。

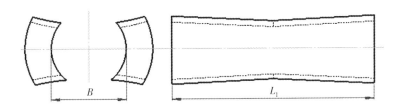

图 3 - 4　导板示意图

3.1.2　穿孔过程有限元建模

3.1.2.1　三维实体模型

在二辊斜轧穿孔过程中，由于变形程度很小，轧辊视为刚体。由于轧件的塑性变形程度大，可以忽略弹性变形，视轧件为刚塑性体，因此采用刚塑性有限元简化模型。首先应用 SolidWorks 软件，根据图 3 - 2 至图 3 - 4 所示尺寸，对轧件、轧辊、顶头和导板进行三维建模；然后将模型导入有限元软件 DE-FORM - 3D 中，建立二辊斜轧穿孔模型，如图 3 - 5 所示。

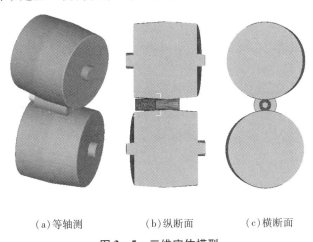

（a）等轴测　　　　　（b）纵断面　　　　　（c）横断面

图 3 - 5　三维实体模型

3.1.2.2　初始条件及边界条件

将实心坯料采用四节点四面体单元进行网格离散。热轧穿孔过程中轧件的变形情况比较复杂，容易造成模拟过程的不稳定。在变形过程中，以应变及应变速率分布梯度为条件进行自动网格划分，应变及应变速率越大，网格划分越细密，以保证轧制过程的稳定。

（1）初始条件

设置轧件初始温度为 1000 ℃，轧辊初始温度为 100 ℃，环境温度为 20 ℃。

初设轧制参数，其中送进角 $\alpha = 8°$，顶头前伸量 $S = 10 \text{ mm}$，孔喉直径为 40 mm，导板间距为 48 mm。

（2）边界条件

① 摩擦条件。轧辊与轧件在接触面上遵循库仑摩擦定律。轧辊与轧件间的摩擦因子设为 0.7。

② 传热边界条件。轧制变形过程中，轧件的自由表面存在热传导、热对流和热辐射三类热边界条件。热辐射和对流换热条件统一表示为

$$q = (t - t_0)H \tag{3-3}$$

式中，q——热流密度，kW/mm^2；

$\quad t$——轧件表面温度，℃；

$\quad t_0$——环境温度，℃；

$\quad H$——等效热传导系数，$\text{kW/(m}^2 \cdot \text{℃)}$。

$$H = h + h_r \tag{3-4}$$

式中，h——对流换热系数，取 $h = 0.02 \text{ kW/(m}^2 \cdot \text{℃)}$；

$\quad h_r$——辐射换热系数，$\text{kW/(m}^2 \cdot \text{℃)}$。

$\quad$ 其中

$$h_r = Ek(t + t_0)(t^2 + t_0^2) \tag{3-5}$$

式中，E——黑度值，取 $E = 0.6$；

$\quad k$——玻尔兹曼常数，取 $k = 5.669 \times 10^{-11} \text{ kW/(m}^2 \cdot \text{℃)}$。

接触热传导可描述为

$$q_c = h_c(t - t_1) \tag{3-6}$$

式中，h_c——接触热传导系数，取 $h_c = 11 \text{kW/(m}^2 \cdot \text{℃)}$；

$\quad t_1$——轧辊表面温度，20 ℃。

接触面上的摩擦热边界条件为

$$q_r = F_r \Delta v \tag{3-7}$$

式中，F_r——接触面上的摩擦力，N；

$\quad \Delta v$——接触面上的相对滑动速度，mm/s。

③ 速度条件。轧辊的转速设为 99 r/min。仿真开始阶段在轴向给轧件后端面加一个较低的初速度推钢，当轧件稳定咬入后，将这个初速度去掉，轧件就可以依靠与轧辊间的摩擦力产生轴向旋转速度进入稳定轧制阶段。

在完成钎钢生产二辊斜轧穿孔过程的三维刚塑性有限元建模后，实现二辊

斜轧穿孔的有限元仿真计算。提取计算结果,得到轧件在变形区内的速度和轧制力等数据。将仿真结果与经典理论分析结果对比,验证二辊斜轧穿孔的三维有限元模型的有效性。

3.2　三辊斜轧减径过程的三维有限元建模

减径过程是钎钢成形的第二道变形工序。由于阿塞尔轧机三辊斜轧减径过程中轧辊轴线与轧制线成送进角和辗轧角,其变形过程存在复杂的几何非线性和物理非线性。本章建立了三辊斜轧空心减径过程三维刚塑性有限元仿真分析,深入分析变形区金属流动、速度、螺距和作用力。将有限元模型计算出的轧制力和轧制速度与工厂数据值进行对比,验证减径有限元模型的有效性。应用坐标变换法建立减径变形区的孔型开度值数学模型,通过孔型开度仿真值、理论值和试件实测值的对比验证了数学模型的有效性。然后建立不同送进角减径过程三维仿真模型,分析减径送进角对荒管尺寸精度和微观组织演变的影响规律。最后仿真分析带芯棒轧制对荒管尺寸精度和粒晶尺寸的影响。

3.2.1　阿塞尔三辊斜轧减径机

阿塞尔三辊斜轧减径机变形区工具主要由 3 个轧辊组成。3 个轧辊以轧制线为中心,彼此相隔 120°均匀分布,每个轧辊均与轧制线倾斜、交叉,如图 3 - 6 所示。

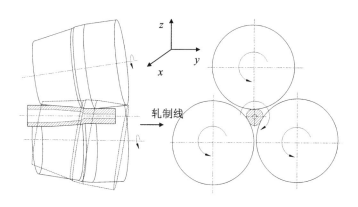

图 3 - 6　阿塞尔三辊斜轧机示意图

斜轧过程中 3 个轧辊朝着同一方向旋转。轧件的外表面在 3 个轧辊所包容的区域内变形。在轧辊的作用下，被咬入的轧件边旋转边前进。轧件在连续运动过程中减径。三辊式轧管机省去了导板装置，使摩擦阻力减小，能量消耗也随之降低。同时，变形过程中轧件所处的三向压应力状态有利于金属塑性变形，轧管内外表面质量好，壁厚均匀。

斜轧过程中轧辊与轧制线倾斜成辗轧角和送进角。当轧辊立式布置时，以上辊为例，轧辊轴线和轧制线在水平面上投影的夹角称为送进角 α。轧辊轴线和轧制线在垂直平面上投影的夹角称为辗轧角 β，如图 3 – 7 所示。辗轧角一般根据轧辊辊面锥角确定，辗轧角调整出现偏差可造成钢管壁厚不均、内螺纹等缺陷。送进角的大小直接影响变形过程，是三辊斜轧减径过程中的重要工艺参数。

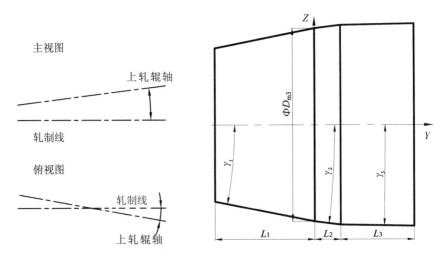

图 3 – 7　轧辊轴线与轧制线夹角三视图　　　图 3 – 8　轧辊辊型简图

对阿塞尔三辊斜轧减径过程进行理论分析和三维刚塑性有限元仿真分析，然后将两种计算结果进行对比，验证三维刚塑性有限元模型的有效性。参考湖南某钎钢厂的技术资料，设计 H22 型钎钢生产用三辊斜轧减径机轧辊尺寸及技术参数如下。

H22 型钎钢生产用 Φ50 阿塞尔三辊斜轧减径机的轧辊为带有阿塞尔凸肩的锥形辊，轧辊外型尺寸简图如图 3 – 8 所示。轧辊辊腰直径 $D_{m3} = 170$ mm；入口锥角 $\gamma_1 = 11°$，辗轧锥角 $\gamma_2 = 7°$，出口锥角 $\gamma_3 = 3°$；轧辊身长为 180 mm，其中入口锥长 $L_1 = 90$ mm，辗轧锥长 $L_2 = 22$ mm，出口锥长 $L_3 = 68$ mm。

在 H22 型钎钢的热轧工艺中，本道次的任务是通过阿塞尔三辊斜轧减径机将经二辊斜轧穿孔后的毛管空心减径。即将外径 45 mm、内径 27 mm 的毛管轧制为外径 29 mm、内径 10 mm 的荒管。本道次的延伸率为 1.766，减径量为 16 mm。以上工艺参数中，毛管尺寸、荒管尺寸、孔喉直径、轧制温度和环境温度这几个参数基本确定，本章重点讨论送进角对金属变形及微观组织演变的影响规律。

3.2.2　三辊斜轧减径过程有限元建模

（1）三维模型的建立

三辊斜轧减径过程中，轧辊的变形程度很小，可以视为刚体；轧件的塑性变形很大，可以忽略其弹性变形，视为刚塑性体，因此采用刚塑性有限元简化模型。应用 SolidWorks 软件进行三维建模，然后将模型导入有限元软件 DE-FORM-3D 中，建立三辊斜轧模型，如图 3-9 所示。三辊斜轧模型的建立大概分为以下 8 个步骤。

图 3-9　三辊斜轧轧制三维模型

① 根据图 3-8 的轧辊辊形图，在 SolidWorks 中进行零件三维实体造型，绘制轧辊的实体，并分别保存为 roller. stl 文件。STL 格式，即 Stereolithography 格式，也叫曲面数据格式，是用直线拟合曲线。对于曲面，采用的直线越多，精度越高。

② 在二辊斜轧穿孔结果中删除原有的两轧辊，导入三辊斜轧用轧辊实体，应用 Position 功能调整轧辊轴线与 y 轴重合，并使轧辊左端面圆心与 DEFORM

中坐标原点重合。

③ 使轧辊沿 z 轴方向平移距离 p。

④ 使轧辊1绕 y 轴旋转0°(轧辊2旋转 $-120°$,轧辊3旋转120°),以实现3个轧辊绕 y 轴120°均布,轧辊旋转中心坐标为$(0,0,0)$。

⑤ 使轧辊绕 z 轴旋转 α 度,旋转中心坐标为$(0,p,0)$,以实现送进角的设计,p 为轧辊辊腰沿 z 轴向位移量。

⑥ 使轧辊绕 x 轴旋转 b 度,旋转中心坐标为$(0,p,0)$,以实现辗轧角度的设计。

⑦ 在前处理程序中,应用 Movement 功能,设置轧辊的旋转角速度及回转轴线和回转中心坐标。

⑧ 重复上述②～⑥步,完成三辊斜轧的三维仿真模型,如图3-9所示。

以上步骤完成了三辊斜轧过程初始状态下,轧辊与轧件间相对位置的设定,轧机调整参数初值表如表3-1所示。

表3-1 轧机调整参数初值表

名称	辗轧角 β	送进角 α	轧制线与轧机中心线的偏移量 q	轧辊辊腰沿 z 轴向位移量 p	轧辊腰部沿 x 轴向位移量 k	辊腰处轧辊半径 R_0
参数值	3°	7°	0	100 mm	0	85 mm

(2)初始条件和边界条件

三辊斜轧减径过程有限元仿真的初始条件和边界条件与二辊斜轧穿孔过程的相近,其主要参数设置如下。

① 网格划分。轧件为二辊斜轧穿孔 FEM 仿真计算后的毛管,采用四节点四面体单元进行网格离散,毛管的平均外径为45 mm,平均内径为27 mm。

② 边界条件。摩擦边界条件采用剪切模型,轧件与轧辊间的摩擦因子设为0.7。轧件表面与周围环境存在热传导、热对流和热辐射三类热边界条件。轧件与环境的对流换热系数取 $0.02\ kW/(m^2\cdot℃)$,热功转化系数取0.9。轧件与轧辊的接触换热系数取 $11\ kW/(m^2\cdot℃)$。

③ 速度条件。轧辊的回转速度为20.926 rad/s。有限元模拟中,由于轧件与轧辊开始接触只是几个节点,轧件不能靠与轧辊间的摩擦被拽入轧制区,因此开始阶段在轴向给轧件一个较低的初速度,当轧件被推入轧制区后,再将这个初速度去掉,此时轧件就可以靠与轧辊间的摩擦产生轴向与旋转速度进行稳

定轧制。本次模拟中,轧件的初速度设定为 20 mm/s。

3.3 六辊轧制建模

3.3.1 六角中空钎钢

六角形成形是正六角形钎钢轧制的最后一个道次。本道次来料为经三辊斜轧减径后的轧件,要求出口为图 3 – 10 所示钎钢。H22 钎钢的国家标准如表 3 –2 所示。H22 型钎钢的名义尺寸为对边宽度 22 mm。

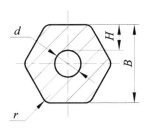

图 3 – 10 钎钢横截面

表 3 – 2 H22 国家标准(部分)

规格代号	基本尺寸 B/mm	允许偏差 Ⅰ组 /mm	允许偏差 Ⅱ组 /mm	内径最小值 d/mm	最小壁厚 H/mm	倒角 r/mm
H22	22	+0.4 0	+0.7 0	6.1	6.6	3

将坯料外表面轧制为正六角形的过程通常有两辊横列式轧机轧制成形、六辊对称轧制成形和六辊滚动模拉拔成形 3 种工艺。其中,两辊横列式轧机轧制成形属于成熟工艺,生产的钎钢占有主要市场份额。六辊对称轧制成形、六辊滚动模拉拔成形是新工艺,其工艺特点及优势有待改进和发掘。分别对这 3 种六角形终轧轧制成形工艺进行热力耦合三维刚塑性有限元建模仿真,分析比较各种成形方法对产品尺寸精度和微观组织演变的影响规律。

二辊轧机的六角形成形目前主要应用在钻孔法和铸管法钎钢生产工艺中,其轧材过程分为十道次进行,通常采用菱形 – 方形孔型,最后两道孔型简图如图 3 – 11 所示。

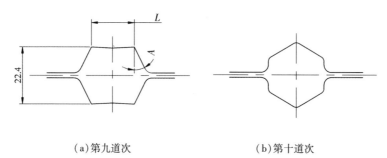

（a）第九道次　　　　　　　　（b）第十道次

图3－11　两辊轧制孔型示意图

六辊对称轧制成形由 Φ550 mm 六辊中空六角形钢材一次成形轧机实现，其结构简图如图3－12所示。轧辊分布示意图如图3－13所示。中空六角形钢材一次成形轧机在机架上安装一台电机（1），通过联轴器（2）、减速器（3）和安装在轧机壳体上的齿轮（4）传递动力。轧机壳体上中心齿轮（5）与中心齿轮（6）采用同轴传动，中心齿轮（6）带动圆周上的 6 个行星齿轮（7~12），6 个行星齿轮分别连接 6 个圆锥齿轮（13~18）。6 对圆锥齿轮（13~18）和（19~24）的轴线成90°传动，带动与 6 个圆锥齿轮（19~24）固定在一起的 6 个轧辊（25~30）转动。6 个轧辊由 12 个轴承（31~42）支承在轧机壳体上，轴心线在同一平面内。轧辊的最大直径为240 mm，最大直径处宽度为12.5 mm，轧辊倒角为60°。

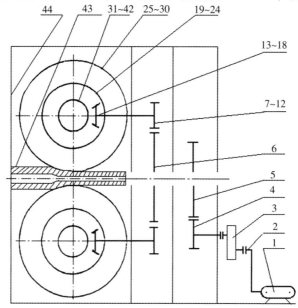

图3－12　传动结构示意图

孔喉尺寸为对边距 21.5 mm。由于采用一次轧制成形，钎钢表面受力均匀，并能保持钎钢中心水孔的圆度。

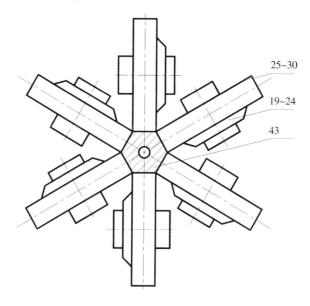

图 3 – 13　轧辊分布图

图 3 – 13 所示是中空六角形钎钢一次成形轧机轧辊分布示意图，6 个轧辊的轴心线在同一平面内，六辊轧制面形成六角孔型。可将经三辊斜轧减径后的荒管一次轧制成中空六角形钎钢。

滚动模拉拔六角形成形机可将中空六角形钎钢一次成形轧机的传动系统去除后，添加相应的拉拔辅助工具来实现拉拔成形。

3.3.2　六辊轧制建模

钎钢六角成形轧制过程有限元模型在有限元软件前处理模块中建立。主要有以下 6 个步骤。

① 要在三维造型软件中建立轧辊的几何实体模型。将几何实体模型保存为 STL 格式文件。

② 将轧辊的几何实体模型导入前处理程序。轧辊重复导入 6 次，并按照图 3 – 12 中轧辊与荒管的几何关系定位。

③ 分别设置 6 个轧辊的各种属性。假设轧辊为刚性。对 6 个轧辊设定回转运动，轧辊转速为 26.5 r/min。回转中心为各个轧辊的几何中心。在 DE-FORM 中回转中心及回转轴矢量需要在其他 CAD 中建立矢量图进行定量计算；

计算出中心的相对坐标后，输入到 DEFORM 中。

④ 边界条件和初始条件设计。设定工件与轧辊的接触容差为 0.002。工件与轧辊间的摩擦因子设为 0.7。取步长为最小节点间距的 1/3，即 0.5 mm，则每步时间增量为 0.0015 s，总步数设为 400 步。

⑤ 应用程序的仿真计算。按照以上内容生成数据文件并退出前处理程序。在 DEFORM 主程序中运用仿真模型。

⑥ 提取分析计算结果。进入 DEFORM 后处理程序，应用曲线及云图功能，提取金属变形及应力应变等参数，分析整个变形过程。

3.4 拉拔成形建模

拉拔成形工艺是指在外加拉力作用下，迫使金属坯料通过模孔，以获得相应形状与尺寸的塑性加工方法。拉拔成形是管材、型材及线材的主要生产工艺方法之一。拉拔生产的工具与设备简单，维护方便，最适合于连续高速生产小断面的长制品。中空钎钢属于小断面的长制品，故应用拉拔成形方法应该是可行的。

ABAQUS/Explicit 显式求解方法是一种真正的动态求解方法，它的最初发展是为了模拟高速冲击问题，在这类问题的求解中，惯性发挥了主导性作用。利用 ABAQUS 求解钎钢拉拔成形。

ABAQUS/Explicit 应用中心差分方法对运动方程进行显式的时间积分，由一个增量步的动力学条件计算下一个增量步的动力学条件。在增量步开始时，程序求解动力学平衡方程，即节点质量矩阵 M 乘以节点加速度 $\ddot{u}$ 等于节点的合力（所施加的外力 P 与单元内力 I 之间的差值）：

$$M\ddot{u} = P - I \qquad (3-8)$$

在当前增量步开始时刻，计算加速度为

$$\ddot{u}\big|_t = M^{-1} \cdot (P - I) \qquad (3-9)$$

由于显式算法总是采用一个对角的或者集中的质量矩阵，所以求解加速度并不复杂，不必同时求解联立方程。任何节点的加速度完全取决于节点质量和作用在节点上的合力，这使得节点计算的成本非常低。对加速度在时间上进行积分，采用中心差分方法，在计算速度的变化时假定加速度为常数。应用这个速度的变化值加上前一个增量步中点的速度来确定当前增量步中点的速度：

$$\dot{u}\,\bigg|\,\left(t + \frac{\Delta t}{2}\right) = \dot{u}\,\big|_{(t-\frac{\Delta t}{2})} + \frac{\left(\Delta t\,|_{(t+\Delta t)} + \Delta t\,|_{(t)}\right)}{2}\,\ddot{u}\,\big|_{(t)} \qquad (3-10)$$

速度对时间积分并加上在增量步开始时的位移以确定增量步结束时的位移：

$$u\,|_{(t+\Delta t)} = u\,|_{(t)} + \Delta t\,|_{(t+\Delta t)}\,\dot{u}\,|_{(t+\frac{\Delta t}{2})} \qquad (3-11)$$

这样，在增量步开始时提供了满足动力学平衡条件的加速度。得到加速度后，在时间上"显式"地前推速度和位移。所谓"显式"是指在增量步结束时的状态仅依赖于该增量步开始时的位移、速度和加速度。这种方法精确地计算积分常值的加速度。为了使该方法产生精确的结果，时间增量必须相当小，这样，在增量步中，加速度几乎为常数。由于时间增量步必须很小，一个典型的分析需要成千上万个增量步。幸运的是，由于不必同时求解联立方程组，所以每一个增量步的计算成本很低。大部分的计算成本消耗在单元的计算上，以此确定作用在节点上的单元内力。单元的计算包括确定单元应变和应用材料本构关系(单元刚度)确定单元应力，从而进一步计算出内力。

这里给出了显式动力学方法的总结。

(1)节点计算

① 动力学平衡方程

$$\ddot{u}\,|_{(t)} = \boldsymbol{M}^{-1} \cdot \left(P\,|_{(t)} - I\,|_{(t)}\right) \qquad (3-12)$$

② 对时间显式积分

$$\dot{u}\,\bigg|\,\left(t + \frac{\Delta t}{2}\right) = \dot{u}\,\big|_{(t-\frac{\Delta t}{2})} + \frac{\left(\Delta t\,|_{(t+\Delta t)} + \Delta t\,|_{(t)}\right)}{2}\,\ddot{u}\,\big|_{(t)} \qquad (3-13)$$

$$u\,|_{(t+\Delta t)} = u\,|_{(t)} + \Delta t\,|_{(t+\Delta t)}\,\dot{u}\,|_{(t+\frac{\Delta t}{2})} \qquad (3-14)$$

(2)单元计算

① 根据应变速率 $\dot{\xi}$ ，计算单元应变增量 $\mathrm{d}\xi$ ；

② 根据本构关系计算应力 σ ，有

$$\sigma\,|_{(t+\Delta t)} = f(\sigma\,|_{(t)},\ \mathrm{d}\xi); \qquad (3-15)$$

③ 集成节点内力 $I\,|_{(t+\Delta t)}$ 。

(3)设置增量时间为 Δt ，返回到步骤(1)

在求解准静态问题方面，显式求解方法已经被证明是有价值的。另外，ABAQUS/Explicit 在求解某些类型的静态问题方面也比 ABAQUS/Standard 更容易。在求解复杂的接触问题时，显式过程相对于隐式过程的一个优势是不存在

收敛问题，因此更加容易。此外，当模型很大时，显式过程比隐式过程需要较少的系统资源，如内存。将显式动态过程应用于准静态问题需要一些特殊的考虑。根据定义，由于一个静态求解是一个长时间的求解过程，所以在其固有的时间尺度上分析模拟常常在计算上是不切合实际的，它将需要大量的很小的时间增量。因此，为了获得较经济的解答，必须采取一些方式来加速问题的模拟，但带来的问题是随着加载速度的增加，静态平衡的状态卷入了动力学的因素，惯性力的影响更加显著。准静态分析的一个目标是在保持惯性力的影响不显著的前提下，用最短的时间进行模拟。

一个物理过程所占用的实际时间被称为自然时间。对于一个准静态过程在自然时间中进行分析，假设将得到准确的静态结果。毕竟，如果实际事件真实地发生在其固有时间尺度内，并在结束时其速度为零，那么动态分析应该能够得到这样的事实，即分析实际上已经达到了稳态。只要解答保持与真实的静态解答几乎相同，而且动态效果始终保持是不明显的，就可以提高加载速率，使相同的物理事件在较短的时间内发生。

在中空钢塑性成形过程中，拉拔和轧制速度基本上是恒定的，也是一个近乎稳态的过程，所以完全可以按照一个准静态问题来分析。在成形过程中存在着复杂的接触，几何及材料非线性，显式算法又不存在收敛问题，而且所需内存比较低。所以拉拔或轧制数值模拟过程可以按照显式准静态问题来计算，考虑到金属成形过程中有热量的产生、传导、对流及辐射等，又是一个热力耦合的过程，在 ABAQUS/Explicit 模块中采用的是 Dynamic，Tempture-displacement，Explicit 这样一个分析步。

但只是按照准静态问题本身形成的计算速度比较慢。在 ABAQUS/Explicit 中提高计算速度的办法通常有两种：一种是质量缩放；另一种是提高加载速度。在本书中，若提高加载速度，显而易见地会使轧制力预测得不准，不能采用。通过质量缩放来提高计算速度是一种有效的方法，因为轧件仅仅做平动，没有转动，增加的惯性力对求解影响不大。在 ABAQUS 显式动力学计算中，提高计算速度事实上是增大最小稳定时间增量。最小稳定时间增量 Δt 可以近似地通过式(3-16)估算：

$$\Delta t = l/c \tag{3-16}$$

式中，l——特征单元长度；

c——膨胀波速，可以近似地以式(3-17)估算：

$$c = \sqrt{\frac{E}{\rho}} \qquad\qquad (3-17)$$

式中，E——材料的弹性模量；

ρ——材料的密度。

因此，质量缩放就是人为地将 ρ 放大 f^2 倍，这样 Δt 就会放大 f 倍，达到加快计算速度的目的。在 ABAQUS 中质量缩放的选项繁多，往往令研究者不知道采取何种方法、具体的数值取多少合适，即不知道增大的质量会不会对求解的准确性产生本质的影响。通过多次试验和对结果的详细分析，最后决定采用半自动质量缩放，把所有的稳定时间增量小于 5×10^{-6} s 的单元放大至 5×10^{-6} s。在整个分析步中，共进行 10 次质量缩放。采取这样的质量缩放对求解产生的影响较小，而求解的时间又能极大地缩短。

3.4.1　接触问题

接触问题是一种高度的非线性行为，需要较大的计算资源。为了进行有效的计算，理解问题的特性和建立合理的模型是很重要的。接触问题分为 3 类：刚体 - 柔体的接触，柔体 - 柔体的接触，刚体 - 刚体的接触（用得相对比较少）。在 ABAQUS 程序中，它的接触功能在 ABAQUS/Standard 和 ABAQUS/Explicit 中是不同的。在 ABAQUS/Standard 中，它有几种接触单元用来处理专门的问题，比如轴对称结构承受非对称变形，管子与管子接触，一些涉及子结构的接触等。而在 ABAQUS/Explicit 中，它在接触方面最大的特色就是有一种自动接触方式，它事先不需要知道什么时候、什么地方会接触，同时它的定义也非常简单，这样，它在处理极度复杂的、庞大的问题时非常方便。ABAQUS/Standard 和 ABAQUS/Explicit 中接触问题用得最多的是接触对方式，一个接触对包括一个主面和一个从面。主面和从面的选择至关重要，通常情况下遵循以下几条原则：刚性面和变形面，刚性面作为主面；解析刚性面始终作为主面，由节点生成的面始终作为从面；两种面的材料软硬不一样，硬材料的作为主面；两种面网格疏密不一样，疏网格的面作为主面。这样，由于轧辊是解析刚性面，所以把它当作主面，把管坯的外表面作为从面。两个面之间的接触，接触属性包括切向属性和法向属性。在 ABAQUS 中切向行为有 penalty（罚函数）法、无摩擦、静动幂指数法、rough（不分离不打滑）法、拉格朗日乘子法。此外，用户可以自定义接触行为。ABAQUS 中接触的法向行为分为硬接触、软接触两大类，用户也可以自己编写子程序指定接触行为。软接触指的是接触压力与接触

59

间隙或过盈具有某种关系，硬接触指的是接触界面不穿透或穿透最小化。在 ABAQUS 中，对于一般的接触问题，法向接触刚度和切向接触刚度都不需要用户重新指定，默认值都能够给出比较合适的数值。

面面接触属性采用的是罚函数法，库仑摩擦系数取 0.3，还要考虑摩擦过程热产生(heat generation)采用的系统默认值，以及拉拔件或轧件与辊之间的热传导(thermal conductance)。另外，拉拔件或轧件与周围的空气存在对流作用，在此软件中是 Film Condition 这样一个接触属性。然后按照以上所述接触属性来完成定义辊面和拉拔件或轧件之间的接触。

3.4.2 单元类型

一般来说，单元类型和形状的选择依赖于结构或总体求解域的几何特点、方程的类型及求解所希望的精度等因素。ABAQUS 具备十分丰富的单元库，可以模拟任意实际形状。每个单元类型具有 5 个表征，即单元族、自由度(与单元族直接相关)、节点数目、数学描述、积分。ABAQUS 中每个单元都有唯一的名字。例如 T2D2，S4R 或者 C3D8I。单元的名字标识了一个单元的 5 个方面。

① 单元族。例如 S4R 第一个字母表示壳(shell)单元，C3D8I 表示是实体(continuum)单元。

② 自由度。自由度(dof)是分析计算的基本变量。对于应力/位移模拟，自由度是每一节点处的平移，某些单元族，诸如梁和壳单元还包括转动的自由度。对于热传导模拟，自由度是每一节点的温度，因此热传导分析要求使用与应力分析不同的单元，因为它们的自由度不同。

③ 节点数目。ABAQUS 仅在单元的节点处计算前面提到的位移、转动、温度和其他自由度，在单元内的任何其他点处的位移是由节点位移插值获得的。通常插值的阶数由单元采用的节点数目决定：仅在角点处有节点则为一阶单元，每条边上有中间节点的单元称为二阶单元。一般情况下，一个单元的节点数目清楚地标识在其名字中，比如 C3D8，8 表示 8 个节点的实体单元。

④ 数学描述。单元的数学描述是指用来定义单元行为的数学理论，在不考虑自适应网格的情况下，在 ABAQUS 中所有的应力/位移单元的行为都是基于拉格朗日描述的，在分析中与单元关联的材料保持与单元关联，并且材料不能从单元中流出和越过单元的边界。与此相反，欧拉或空间描述则是单元在空间固定，材料在它们之间流动，欧拉方法通常用于流体力学模拟。在 ABAQUS/Explicit 中的自适应网格技术，将纯拉格朗日和欧拉分析的特点组合，允许单元

的运动独立于材料的。在本书中采用了 ALE 方法。为了描述不同类型的行为，在 ABAQUS 中的某些单元族包含了几种采用不同数学描述的单元。ABAQUS/Standard 的某些单元除了具有标准的数学公式描述外，还有其他可供选择的公式描述。比如 C3D8H，"H"表示杂交单元；C3D8T，"T"表示具有热学的自由度，可用于模拟热 - 力耦合问题。

⑤ 积分。ABAQUS 应用数值方法对各种变量在整个单元体内进行积分。对于大部分单元，ABAQUS 应用高斯积分方法来计算每一单元内每一积分点处的材料响应。对于 ABAQUS 中的一些实体单元，可以选择应用完全积分或减缩积分。对于一个给定的问题，这种选择对于单元的精度有着明显的影响。ABAQUS 在单元名字末尾采用"R"来标识减缩积分单元。ABAQUS/Standard 提供了完全积分和减缩积分单元；除了修正的四面体和三角形单元外，ABAQUS/Explicit 只提供了减缩积分单元。对于实体单元的选择，能用六面体单元则用六面体单元，复杂图形不能采用六面体单元才考虑采用四面体单元，四面体优先采用 C3D10，C3D10M。对于阶次的选择，必须考虑到弯曲、扭曲、单元的剪力自锁和沙漏现象。对于受弯单元，不选全积分线性单元，因为它产生剪力自锁。选择线性减缩积分单元、线性积分非协调单元、二次积分单元、二次积分减缩单元则可以避免这一问题。如果发生扭曲，由于对扭曲的敏感，不能选择线性积分非协调单元。减缩积分单元存在沙漏现象，幸运的是 ABAQUS 对沙漏的控制提供了多种方法，因而，一般说来，二次减缩积分单元提供了最好的解答。由于线性积分非协调单元以线性的代价提供了二次单元的效果，所以适当地利用非协调单元对于快速求解是非常重要的。因为本书采用 ABAQUS/Explicit 模块，六面体单元则只能采用线性减缩积分单元 C3D8R，其中还有少量的楔形单元 C3D6。如果没有采用减缩积分单元，一阶六面体单元在每一个方向上有 2 个积分点，共有 8 个积分点；如果采用减缩积分，则单元的每个方向上少 1 个积分点，于是一共只有 1 个积分点（如图 3 - 14 所示）。这样就大大地减少了计算时间，约为原来计算时间的八分之一，所以在显式动力学计算中普遍采用这种减缩积分单元。而且在 ABAQUS 中，这些一阶单元采用了更精确的均匀应变公式，即计算了单元应变分量的平均值。

单元选择为 C3D8RT，它是一个线性的三维实体减缩积分单元，同时它含有热学自由度。虽然 ABAQUS 中所有使用的单点积分实体单元和壳单元在大变形中很可靠，并且节约了大量的计算时间，但是它们容易形成零能模式。该模式主要指沙漏模式，它导致一种在数学上稳定但物理上不可能的状态。

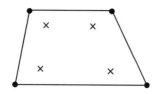 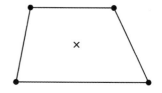

图 3 - 14　只画出单元的一个面

为了说明这个问题，考虑用单个减缩单元模拟受纯弯曲载荷的一小块材料（见图 3 - 15）单元中虚线的长度没有改变，它们之间的夹角也没有改变，这意味着在单元单个积分点上的所有应力分量均为零。由于单元变形没有产生应变能，这种弯曲的变形模式是一个零能量模式。由于单元在此模式下没有刚度，所以单元不能抵抗这种形式的变形。在粗糙的网格中，这种零能量模式会在网格中扩展，从而产生无意义的结果。

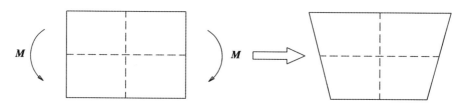

图 3 - 15　受弯矩 M 的线性减缩单元的变形

沙漏问题严重时会导致结果无效。在显式动力学分析中，如果总的沙漏能大于模型内能的 10%，这个分析就认为是失败的。在 ABAQUS 的后处理中沙漏能和内能的比值（artificial strain energy/internal energy）表示沙漏程度大小，这个比值小于 10% 才能保证分析是成功的。为了解决沙漏问题，在 ABAQUS 中采用如下方法：

① 采用全积分单元，全积分单元积分不会出现沙漏；

② 细画网格，使网格均匀，避免采用单点集中载荷；

③ 修改减缩单元的沙漏控制项目，其中有刚度矩阵（增强、默认、混合三种设定）、体积黏度等选项，可以通过修改这些项目来控制沙漏。

采用尽量细画网格的方法，并且在选择单元 C3D8RT 的同时，又修改了沙漏控制项目，以达到有效控制沙漏的目的。

3.4.3　网格划分及自适应

一般说来，弹塑性有限元的网格分为三类：拉格朗日（Lagrangian）网格，欧拉(Eulerian)网格，ALE 网格。

许多问题应用拉格朗日网格不能够有效地解决。当材料严重变形时，拉格朗日单元同样发生严重的扭曲，因为它们随材料一起变形，从而恶化了这些单元的近似精度，特别是高阶单元。因此，在积分点的雅可比(Jacobian)行列式可能成为负值，从而使计算中止或者引起严重的局部误差。此外，也恶化了线性化牛顿(Newton)方程的条件，并且显式稳定时间步长明显下降，造成计算进行不下去。在许多发生严重大变形的模拟中，重新划分拉格朗日网格是不可避免的，这是一个沉重的负担，而且网格投影引入了误差。

在某些问题中，拉格朗日方法是根本不适用的。例如，对于高速流动的流体力学问题，注意力通常集中在一个特定的空间子域上，如围绕机翼的区域。类似地，流动过程的模拟包括材料流动穿过固定的空间区域，如喷射。这些类型的问题更适合于应用欧拉单元。在欧拉有限元中，单元在空间上是固定的，材料从单元中流过。这样，欧拉有限元不会随着材料运动而扭曲。但是，由于材料通过单元对流，本构方程的处理和更新是复杂的。

遗憾的是，应用欧拉单元处理移动边界和相互作用问题是十分困难的。因此，已经发展了组合欧拉和拉格朗日方法优点的杂交技术，称它们为任意的 Lagrangian Eulerian 方法(Arbitraty Lagrangian Eulerian，ALE)。ALE 有限元格式的目的是集合拉格朗日和欧拉有限元的优越性，并且将它们的缺陷降至最低。正如其名，ALE 描述的是拉格朗日描述和欧拉描述的任意组合。这里"任意"一词实际上指组合是由用户通过对网格运动的选样指定的。ALE 算法先执行一个或几个拉格朗日时步计算，此时单元网格随材料流动而产生变形，然后执行 ALE 时步计算：① 保持变形后的边界条件，对内部单元进行重分网格，网格的拓扑关系不变，称为 smooth step；② 将变形网格中的单元变量(比如密度、能量、应力张量等)和节点速度矢量输运到重分后的新网格中，称为 advection step。用户可以选择 ALE 时步的开始和结束时间及其频率。欧拉算法事实上是一种特殊的 ALE 算法，网格速度等于零。当然，如果需要消除严重扭曲的网格，需要对网格运动做出明智的选择，而这通常给用户带来额外的负担。

ABAQUS 提供 3 种算法，采用 ALE 算法，对称面总是作为拉格朗日面，与轧辊接触的管子外表面为滑移面。

3.4.4 加载和求解

拉拔的数值模拟中，滚动模只能绕本身中心线（局部坐标系的 Y 轴）转动，其他方向的平动和转动都被约束住了。拉拔工艺在实际生产中是夹住拉拔件的前端，由小车牵引匀速地拉拔，得到成品；而数值模拟中简化为直接给拉拔件前端一个速度，牵引整个拉拔件通过辊模，得到成品。为了得到拉拔力，又用了 Coupling 约束，将拉拔件前端和一个参考点约束住，这样就可以通过输出参考点的反力来绘制拉拔力。

轧制过程中，要靠轧辊与轧件的摩擦力形成的拉力将轧件拽入孔型并且通过孔型。数值模拟中给予轧辊一个绕自身中心线方向的主动的角速度，给轧件一个初始速度，这样塑性成形过程就可以顺利进行了。因为在显式动力学中载荷和时间是对应的，所以如上载荷约束必须对应其轧制时间，即分析步长时间。在 ABAQUS 中是通过振幅（amplitude）的形式将两者联系起来的。

在 ABAQUS 中，方程求解器有两个：直接求解器，迭代求解器。对于规模较大的问题，一般采用迭代求解器，块状模型通常采用迭代求解器，它采用矩阵分块计算的方法。对于矩阵方程是病态的（往往模型里面包含一些结构单元），通常采用直接的稀疏求解器。本书采用迭代求解器，事实上，不指定的情况下，程序会自动选择合适的求解器。解非线性方程，采用牛顿方法，在 ABAQUS 中，力的残差一般取 0.5%，位移残差一般取 1%。

针对钎钢的外形，设计滚动模拉拔成形机。在圆周内均匀布置 6 个辊模，形成正六角孔型。建立正六角形滚动模拉拔成形过程三维刚塑性热力耦合有限元模型。

3.5 二辊带芯轧制建模

二辊带芯轧制工艺是经 4 架 $\Phi300$ mm 轧机 10 道次轧制，分为 10 个道次将开坯后的方坯轧制成外六角中空的 H22 型钎钢。轧材孔型系统如图 3 – 16 所示，该孔型采用菱形—方—六角—立压—成品孔型。设轧辊角速度为 5 rad/s。

在 DEFORM 软件前处理模块中导入三维实体模型，定位各个轧辊的相对位置，建立三维刚塑性有限元仿真模型，其中第一机架的几何模型如图 3 – 17 所示。

设计初始条件和边界条件。芯棒材料为高锰钢 80Mn14，轧件和芯棒的初始温度为 1000 ℃，轧辊和环境的初始温度为 20 ℃。轧件和芯棒表面与周围环境存在热传导、对流和热辐射三类热边界条件。轧件与轧辊接触时，存在接触传热，同时轧件和芯棒本身由于塑性变形会产生温升。轧件与环境的对流换热系数取 0.02 kW/(m² · ℃)，与轧辊的接触换热系数取 11 kW/(m² · ℃)，轧件和芯棒材质的辐射率为 0.7。其热功转换系数取 0.9。采用剪切摩擦模型，其中轧辊与轧件之间的摩擦因子为 0.7，轧件和芯棒之间的摩擦因子为 0.9。二辊带芯轧制的坯料为连接铸方坯经开坯工序后的半成品。坯料尺寸简图如图 3–18 所示，坯料的边长 $L_a = 54$ mm，内径 $d_a = 20$ mm，倒角 $r_a = 8$ mm。

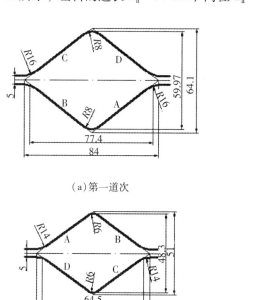

（a）第一道次

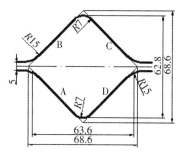

（b）第二道次

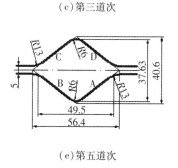

（c）第三道次

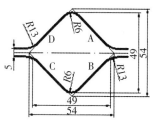

（d）第四道次

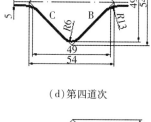

（e）第五道次

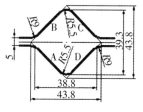

（f）第六道次

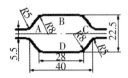

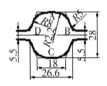

（g）第七道次   （h）第八道次

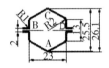

（i）第九道次   （j）第十道次

图 3 – 16   二辊轧材过程孔型系统

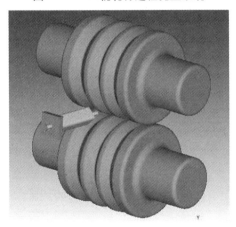

图 3 – 17   二辊轧制模型

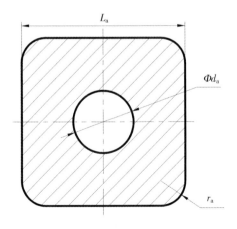

图 3 – 18   坯料尺寸

第4章 钎钢孔型轧制数值计算模型

国内大多数钎钢产品存在偏心和椭圆度等缺陷,如果想找出产品缺陷产生的原因,传统的方法是轧制工艺试验。以有限元模拟替代轧制工艺试验,对钎钢轧制工艺过程和结果进行研究,了解影响产品质量的各因素分布规律,有利于找出产品缺陷形成的原因。DEFORM 有限元分析系统是一套专门为金属塑性成形设计的有限元仿真软件,用于分析金属成形及其相关工业的各种成形工艺和热处理工艺,帮助技术人员进行模具设计及工艺分析。利用 DEFORM 对热轧钎钢的塑性变形过程进行仿真模拟,需要建立准确、符合实际的边界条件以及合理实用的有限元模型。本章将对 DEFORM 软件进行简要介绍,对传热相关知识、摩擦机理进行阐述,并据此建立边界条件。

4.1 数值模型

4.1.1 刚塑性材料基本假设

在金属成形过程中,材料变形情况非常复杂。为了提高有限元方法的计算能力,在利用刚塑性有限元理论对轧制过程进行数值模拟时,有必要进行一些假设和近似,这样便于数学上的处理。刚塑性有限元法求解基于以下基本假设:

① 不考虑材料的弹性变形;

② 不考虑体积力(重力和惯性力等)的影响;

③ 材料均匀,同时各向同性;

④ 材料的变形服从莱维 – 米泽斯(Levy-Mises)流动理论;

⑤ 材料体积不可压缩性;

⑥ 加载条件给出刚性区和塑性区的边界。

4.1.2　刚塑性力学基本方程

在满足刚塑性材料基本假设的前提下，材料在塑性变形区内应该满足以下塑性力学基本方程。

（1）力平衡方程（忽略重力和惯性力）

$$\sigma_{ij} = 0 \tag{4-1}$$

式中，σ_{ij}——各应力张量。

（2）速度-应变速率的关系

$$\varepsilon_{ij} = \frac{1}{2}(u_{i,j} + u_{j,i}) \tag{4-2}$$

式中，ε_{ij}——应变速率分量；

$\quad\quad u$——速度分量。

（3）本构方程

$$\dot{\varepsilon}_{ij} = \dot{\lambda}\,\sigma'_{ij} \tag{4-3}$$

$$\dot{\lambda} = \frac{1}{2} \times \frac{\dot{\bar{\varepsilon}}}{\bar{\sigma}} \tag{4-4}$$

式中，σ'_{ij}——塑性区各应力偏量；

$\quad\quad \dot{\bar{\varepsilon}}$——等效应变速率，$\dot{\bar{\varepsilon}} = \sqrt{\dfrac{2}{3}\varepsilon_{ij}^2\varepsilon_{ij}^2}$；

$\quad\quad \bar{\sigma}$——等效应力，$\bar{\sigma} = \sqrt{\dfrac{2}{3}\sigma_{ij}^2\sigma_{ij}^2}$。

（4）米泽斯屈服准则

$$\frac{1}{2}\sigma'_{ij}\sigma'_{ij} = K^2 \tag{4-5}$$

式中，K——屈服剪应力，$K = \dfrac{\bar{\sigma}}{\sqrt{3}}$，$\bar{\sigma}$ 为具体材料的流动应力。

（5）体积不可压缩条件

$$\dot{\varepsilon}_V = \dot{\varepsilon}_{ij}\delta_{ij} = 0 \tag{4-6}$$

式中，$\dot{\varepsilon}_V$——体积应变率；

$\quad\quad \delta_{ij}$——克罗内克（Kronecker）符号，$\delta_{ij} = \begin{cases} 1, & i = j; \\ 0, & i \neq j. \end{cases}$

（6）边界条件

如图 4 - 1 所示，边界条件包括应力已知面 S_F 上力的边界条件和速度已知面 S_v 上速度的边界条件：

$$\sigma_{ij} = \overline{F}_i \quad （在已知力表面 S_F 上） \tag{4-7}$$

$$v_i = v_i^0 \quad （在已知速度表面 S_v 上） \tag{4-8}$$

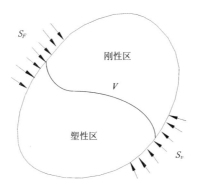

图 4 - 1　刚塑性变形体

4.1.3　刚塑性有限元变分原理

根据马尔可夫（Markov）变分原理，对于变形体的体积设定为 V，在满足几何条件式（4-2）、体积不可压缩条件式（4-6）、边界条件式（4-7）和式（4-8）的一切允许速度场中，使泛函［见式（4-9）］取最小值时所得到的速度场必须是满足要求的精确解。

$$\pi = \int_V \overline{\sigma}\,\dot{\overline{\varepsilon}}\,dV - \int_{S_F} F_i v_i\,dS \tag{4-9}$$

式中，$\overline{\sigma}$ ——等效应力；

　　　$\dot{\overline{\varepsilon}}$ ——等效应变率；

　　　S_F ——力边界条件表面；

　　　F_i ——表面力；

　　　v_i ——边界速度。

对金属塑性成形过程来说，泛函的物理意义是总能耗率。式（4-9）中右侧第一项是塑性变形功率，右侧第二项是工件表面上的外力功率。在求解钎钢轧制成形问题时，外力功率为轧件与轧辊之间的摩擦功率和作用于轧制变形区出口或入口侧轧件横断面上的张力功率，如式（4-10）所示：

$$\int_{S_F} F_i v_i \mathrm{d}S = \int_{S_f} \tau_f \Delta v_f \mathrm{d}S + \int_{S_t} t v_i \mathrm{d}S \qquad (4-10)$$

式中，S_f——存在摩擦的表面；

$\quad\tau_f$——摩擦剪应力；

$\quad\Delta v_f$——轧件表面接触点与轧辊之间的相对滑动速度；

$\quad S_t$——作用有外张力的表面；

$\quad t$——张力；

$\quad v_i$——张力对应面的速度。

在选择初始速度场时，速度边界条件比较容易满足，而体积不可压缩条件通常无法满足。因此，对于体积不可压缩条件，常见的处理方法有 3 种：体积可压缩法、罚函数法、拉格朗日乘子法。罚函数法对于求解三维问题共有 $3n$ 个未知数和 $3n$ 个方程（n 是节点数），它比拉格朗日乘子法要少 m 个方程和 m 个未知数（n 是单元数），这样可节约内存和提高计算效率。

将体积不可压缩条件用惩罚因子 α 引入泛函式（4-9），则有

$$\pi = \int_V \bar{\sigma}\,\dot{\bar{\varepsilon}}\,\mathrm{d}V - \int_{S_F} F_i v_i \mathrm{d}S + \frac{\alpha}{2}\int_V \dot{\varepsilon}_V^2 \mathrm{d}V \qquad (4-11)$$

式（4-11）为刚塑性有限元罚函数的泛函方程。

4.1.4　刚塑性多孔可压缩材料塑性理论

刚塑性可压缩材料也叫微可压缩材料。由于该材料模型能够直接从变形速度场中求出等效应力，因此近些年利用刚塑性有限元法来求解各种金属轧制问题得到了广泛应用。

（1）疏松缺陷的变形特征

由于铸造过程的工艺特点，在铸造过程中坯料内部会存在许多微小孔洞，这样的孔洞在塑性变形过程中会导致材料发生一定的体积和密度变化，增加了有限元仿真的复杂性。文献表明孔洞的闭合与静水压应力相关，如果有足够的变形量和较大的静水压力就可以使轧件内部疏松缺陷得以压实。存在疏松的坯料在塑性变形压实过程中呈现以下特点：

① 在塑性变形压实过程中，由于疏松的坯料内部孔隙受压缩闭合，坯料体积减小，宏观密度增大，因此体积不变条件不再适用。

② 对于疏松缺陷而言，体积减小，密度增大，总的质量保持不变，也就是体积与密度的乘积保持不变，可用式（4-12）表示：

$$V\rho = V_0\rho_0 \tag{4-12}$$

式中, V ——疏松缺陷变形中的体积;

ρ ——疏松缺陷变形中的密度;

V_0 ——疏松缺陷变形中的初始体积;

ρ_0 ——疏松缺陷变形中的初始密度。

（2）多孔可压缩材料的刚塑性有限元列式

设将可压缩变形体离散化为 N 个节点和 M 个单元。设第 m 个单元真实速度场的泛函为 $\Phi^{(m)}$, 令位移模式速度场的泛函值为 $\phi^{(m)}$, 设 $\Phi^{(m)} \neq \phi^{(m)}$, 可得

$$\Phi = \sum_{m=1}^{M} \Phi^{(m)} \approx \sum_{m=1}^{M} \phi^{(m)} \tag{4-13}$$

当泛函的变分为零时, 泛函取得驻值, 这时速度场就是真实的速度场。

$$\delta\Phi = \sum_{m=1}^{M} \frac{\partial\phi^{(m)}}{\partial u_i}\delta u_i = 0 \tag{4-14}$$

由于 δu_i 是任意值, 所以有

$$\sum_{m=1}^{M} \frac{\partial\phi^{(m)}}{\partial u_i} = 0 \tag{4-15}$$

$$\Phi = \iiint_V \bar{\sigma}\left(\frac{2}{3}\varepsilon'_{ij}\varepsilon'_{ij} + \frac{1}{g}\dot{\varepsilon}_V{}^2\right)^{\frac{1}{2}}\mathrm{d}V - \iint_{S_F} F_i v_i{}^*\mathrm{d}S \tag{4-16}$$

将式（4-16）写成矩阵形式, 可得

$$\Phi = \iiint_V \bar{\sigma}\sqrt{\frac{2}{3}\dot{\boldsymbol{\varepsilon}}'^{\mathrm{T}}\dot{\boldsymbol{\varepsilon}}' + \frac{1}{g}(\dot{\boldsymbol{\varepsilon}}^{\mathrm{T}}\boldsymbol{C})^2}\mathrm{d}V - \iint_{S_F} \boldsymbol{v}^{\mathrm{T}}\boldsymbol{p}\mathrm{d}S \tag{4-17}$$

式中, $\boldsymbol{C} = [1\ 1\ 1\ 0\ 0\ 0]^{\mathrm{T}}$。

令

$$\dot{\boldsymbol{\varepsilon}}' = \boldsymbol{M}\dot{\boldsymbol{\varepsilon}} \tag{4-18}$$

式（4-18）中,

$$\dot{\boldsymbol{\varepsilon}}' = \left[\dot{\varepsilon}'_x, \dot{\varepsilon}'_y, \dot{\varepsilon}'_z, \frac{1}{\sqrt{2}}\dot{\gamma}_{xy}, \frac{1}{\sqrt{2}}\dot{\gamma}_{yz}, \frac{1}{\sqrt{2}}\dot{\gamma}_{zx}\right]^{\mathrm{T}} \tag{4-19}$$

$$\dot{\boldsymbol{\varepsilon}} = \left[\dot{\varepsilon}_x, \dot{\varepsilon}_y, \dot{\varepsilon}_z, \frac{1}{\sqrt{2}}\dot{\gamma}_{xy}, \frac{1}{\sqrt{2}}\dot{\gamma}_{yz}, \frac{1}{\sqrt{2}}\dot{\gamma}_{zx}\right]^{\mathrm{T}} \tag{4-20}$$

$$M = \begin{bmatrix} \dfrac{2}{3} & -\dfrac{1}{3} & -\dfrac{1}{3} & 0 & 0 & 0 \\ -\dfrac{1}{3} & \dfrac{2}{3} & -\dfrac{1}{3} & 0 & 0 & 0 \\ -\dfrac{1}{3} & -\dfrac{1}{3} & \dfrac{2}{3} & 0 & 0 & 0 \\ 0 & 0 & 0 & 1 & 0 & 0 \\ 0 & 0 & 0 & 0 & 1 & 0 \\ 0 & 0 & 0 & 0 & 0 & 1 \end{bmatrix} \qquad (4-21)$$

所以，式(4-17)又可写成：

$$\varphi^{(m)} = \iiint_V \bar{\sigma}\sqrt{\frac{2}{3}\,\dot{\boldsymbol{\varepsilon}}^{\mathrm{T}}\boldsymbol{M}^{\mathrm{T}}\boldsymbol{M}\dot{\boldsymbol{\varepsilon}} + \frac{1}{g}\,(\dot{\boldsymbol{\varepsilon}}^{\mathrm{T}}\boldsymbol{C})^2}\,\mathrm{d}V - \iint_{S_F} \boldsymbol{u}^{\mathrm{T}}\boldsymbol{N}^{\mathrm{T}}\boldsymbol{p}\,\mathrm{d}S$$

$$= \iiint_V \bar{\sigma}\sqrt{\frac{2}{3}\,\boldsymbol{u}^{\mathrm{T}}\boldsymbol{K}\boldsymbol{u} + \frac{1}{g}\,(\boldsymbol{u}^{\mathrm{T}}\boldsymbol{B}^{\mathrm{T}}\boldsymbol{C})^2}\,\mathrm{d}V - \iint_{S_F} \boldsymbol{u}^{\mathrm{T}}\boldsymbol{N}^{\mathrm{T}}\boldsymbol{p}\,\mathrm{d}S \quad (4-22)$$

式中，$\boldsymbol{B}$——单元的几何矩阵；

$\boldsymbol{N}$——单元形状矩阵；

$\boldsymbol{u}$——单元节点速度分量。

对式(4-22)求导，可得

$$\frac{\partial \varphi^{(m)}}{\partial \boldsymbol{u}} = \iiint_V \frac{\bar{\sigma}}{\dot{\varepsilon}}\left(\frac{2}{3}\boldsymbol{K}\boldsymbol{u} + \frac{\dot{\varepsilon}_V}{g}\boldsymbol{B}^{\mathrm{T}}\boldsymbol{C}\right)\mathrm{d}V - \iint_{S_F} \boldsymbol{N}^{\mathrm{T}}\boldsymbol{p}\,\mathrm{d}S \qquad (4-23)$$

将式(4-23)代入式(4-15)，即可得到多孔可压缩材料的刚塑性有限元列式。

4.1.5　微观组织演变模型

钎钢在轧制过程中变形比较复杂，轧件的温度、应变及应变速率随着轧制过程的变化而瞬时变化，而且各种场量分布不均匀，要通过现场实际测试来分析各个因素对轧材组织性能的影响耗时耗力且不经济。因此，利用数值模拟来分析轧制过程微观组织演变是一种非常有效的手段。通常，热变形过程中奥氏体晶粒演变有 3 种形式：动态再结晶、静态再结晶和晶粒长大。描述奥氏体晶粒演变过程的数学模型应该包含以上晶粒演变形式的动力学模型和晶粒尺寸模型，常用的再结晶模型主要有 Sellars 模型、Roberts 模型、Yada 模型、Esaka 模型、Satio 模型、Hodgson-Gibbs 模型等。基于 Yada 模型来预测钎钢轧制过程微观组织演变规律。具体形式如下：

（1）动态再结晶模型

动力学方程为

$$X_{drex} = 1 - \exp\left(-0.693 \times \left(\frac{\varepsilon - \varepsilon_p}{\varepsilon_{0.5}}\right)^{1.68}\right) \quad (4-24)$$

$$\varepsilon_{0.5} = 1.144 \times 10^{-3} d_0^{0.25} \times \dot{\varepsilon}^{0.05} \times \exp\left(\frac{296625}{RT}\right) \quad (4-25)$$

动态再结晶晶粒尺寸为

$$d_{drex} = 1.301 \times \dot{\varepsilon}^{0.56} \times \exp\left(\frac{296625}{RT}\right) \quad (4-26)$$

式中，X_{drex}——动态再结晶体积分数；

　　　ε——应变量；

　　　ε_p——峰值应变；

　　　$\dot{\varepsilon}$——应变速率，s^{-1}；

　　　$\varepsilon_{0.5}$——发生 50% 动态再结晶时对应的应变；

　　　d_0——初始晶粒度，$d_0 = 150\ \mu m$；

　　　d_{drex}——动态再结晶后奥氏体晶粒大小，μm。

（2）静态再结晶模型

动力学方程为

$$X_{srex} = 1 - \exp\left(0.693 \times \frac{t}{t_{0.5}}\right) \quad (4-27)$$

$$t_{0.5} = 1.7 \times 10^{-5} \times d_0^{0.5} \times \varepsilon^2 \times \dot{\varepsilon}^{-0.08} \times \exp\left(\frac{109240}{RT}\right) \quad (4-28)$$

静态再结晶晶粒尺寸为

$$d_{sres} = 8.28 \times d_0^{0.29} \times \varepsilon^{0.14} \times \exp\left(\frac{109240}{RT}\right) \quad (4-29)$$

式中，X_{srex}——静态再结晶体积分数；

　　　t——静态再结晶时间，s；

　　　$t_{0.5}$——发生 50% 静态再结晶的时间，s；

（3）晶粒长大模型

$$d_g = \left[d_0^2 + 9.44 \times 10^{19} \times t \times \exp\left(\frac{-497115}{RT}\right)\right]^{0.5} \quad (4-30)$$

4.2　中空钎钢轧制分段数值计算方法

在钎钢轧制过程中,一个轧件要在数个或数十个机架上轧制,轧件长度将从最初的几米轧制到最终的几十米,对这样轧件的轧制过程进行全尺寸三维数值模拟需要非常长的计算时间和非常大的存储空间,是较难实现的。为了实现钎钢轧制过程的三维有限元数值模拟,只有在仿真若干道次后对轧件进行截取处理,之后继续进行仿真运算。在钎钢实际轧制过程中,除了在轧件头部和尾部比较小范围内为非稳轧制阶段外,整个轧件的其余部分都是稳态轧制(可以根据轧制力的变化规律来判断),同时稳态轧制区域内轧件各个部位所经历的轧制工艺完全一致。因此,在钎钢轧制过程数值模拟时,在若干道次后对轧件进行截取处理,只要截取的轧件部分为稳态轧制区,那么就可以利用该部分轧件来反映整个轧件中稳态轧制区的轧制过程。

利用一部分轧件代替整个轧件来建立模型,这种替代使有限元模型大大简化,也缩短了仿真时所需要的计算时间,而且减小了存储空间。即便如此,由于钎钢轧制过程中轧件变形量非常大,轧制道次又非常多,为了保证计算精度,还要对网格进行局部细化,在仿真过程中仍然需要很长的计算时间。

如前所述,钎钢轧制过程是典型的长型材成形过程,钎钢轧制过程的有限元数值模拟需要将整个轧制过程拆分为若干个连续的模型进行模拟,这就是分段模拟的思想。分段模拟的关键就是要保证相互独立的分段的有限元模型的模拟结果可以整合成一个完整的轧制过程,这就需要保证上一阶段仿真结束的几何模型和场量要与下一阶段仿真开始的几何模型和场量一致,也就是需要保证各模型间数据的连续性。为此,需要一种有效的数据传递方法。通常解决此类问题都是利用场量数据平均法或数据差值法,但这两种方法仅仅近似地将上一阶段的数据传递到下一阶段进行仿真。采用布尔运算(Boolean operation)来保证分段模拟中数据传递的连续性。为了实现钎钢轧制过程的三维有限元数值模拟,利用分段模拟的思想,在商业有限元软件 DEFORM - 3D 平台上基于分段数值模拟思想建立了钎钢轧制过程的有限元模型。

图 4 - 2 为利用布尔运算截取前后轧件温度场对比:图 4 - 2(a)为第四个道次轧制完成后轧件 1/2 模型温度场分布云图,图 4 - 2(b)为利用布尔运算截取后(第五个道次轧制前)得到的轧件有限元模型。

图 4-3 为布尔运算截取前后在壁厚方向各点温度的对比曲线(沿轧件竖直截面均匀选取 10 个点)。从图中可以看出,轧件截取前后温度场分布是一致的,利用布尔运算进行轧制过程数值模拟的数据传递有较高的准确性,可以有效地用于分段模拟思想的数据传递,为钎钢全线轧制过程的数值模拟提供了有效的保障。

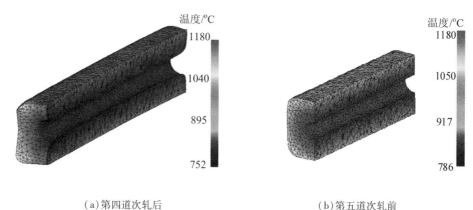

（a）第四道次轧后　　　　　　　（b）第五道次轧前

图 4-2　布尔运算截取前后轧件温度场对比

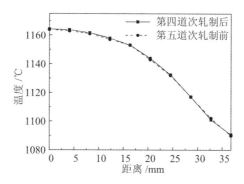

图 4-3　布尔运算截取前后轧件温度曲线

4.3　有限元模型

4.3.1　中空钎钢轧制工艺与孔型系统

采用机械钻孔法生产钎钢的工艺路线如下:开坯采用外形尺寸为 150 mm ×

150 mm×9000 mm 的方坯，在原料进厂后，先将 9 m 长的方钢坯切成 1.5 m 的短坯，之后通过深孔钻床钻一个直径为 47 mm 的通孔，钻孔后，将 80Mn14 材质的芯棒插入通孔内，两端均露出 50 mm，并利用电焊固定一端，钢坯达到钎钢开坯要求。将带芯棒的钢坯经连续推钢式加热炉加热，后经两架 Φ500 三辊轧机和一架 Φ500 二辊轧机共 10 道次轧制，将方坯轧成 54 mm×54 mm，最后利用剪切机将其分为 1.5 m 长的钢坯，提供给精轧机组生产成品钎钢。

精轧机组由两架 Φ360 轧机和 3 架 Φ300 轧机组成，坯料通过 10 道次轧制，生产出外形为正六角形的 H22 钎钢。经空冷后，将钎钢剪切、定尺，然后利用拉拔机对其进行抽芯，最后经过检验、打捆、称重、挂牌入库。机械钻孔法生产 H22 钎钢工艺流程图如图 4-4 所示。

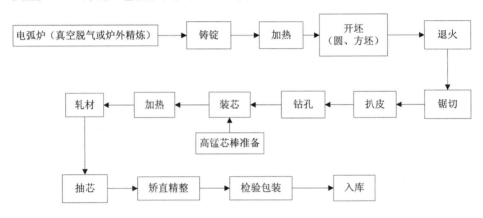

图 4-4　机械钻孔法生产钎钢的工艺流程图

根据钎钢轧制工艺可知，钎钢分为开坯阶段 10 个道次和精轧阶段 10 个道次两个阶段。该工艺孔型系统与各个道次对应关系为：K20—第 1 道次、K19—第 2 道次、K18—第 3 道次……K3—第 18 道次，K2—第 19 道次，K1—第 20 道次。其中 K20—K17 为第一机架孔型、K16—K14 为第二机架孔型、K13—K11 为第三机架孔型、K10—K8 为第四机架孔型、K7—K5 为第五机架孔型、K4—K3 为第六机架孔型、K2 为第七机架孔型、K1 为第八机架孔型。某厂生产 H22 钎钢开坯和精轧过程孔型系统如图 4-5、图 4-6 所示。

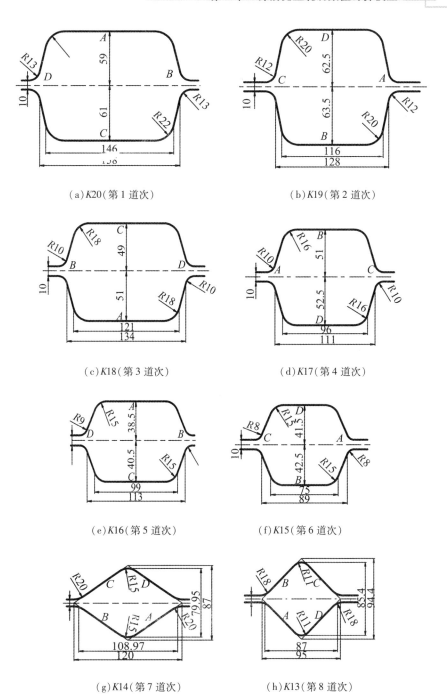

(a) K20(第 1 道次)

(b) K19(第 2 道次)

(c) K18(第 3 道次)

(d) K17(第 4 道次)

(e) K16(第 5 道次)

(f) K15(第 6 道次)

(g) K14(第 7 道次)

(h) K13(第 8 道次)

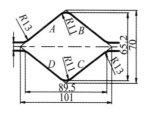

(i)K12(第9道次) (j)K11(第10道次)

图4-5 开坯过程孔型系统

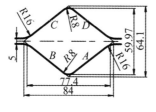

(a)K10(第11道次) (b)K9(第12道次)

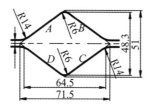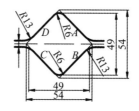

(c)K8(第13道次) (d)K7(第14道次)

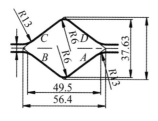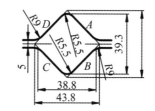

(e)K6(第15道次) (f)K5(第16道次)

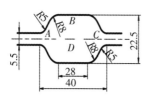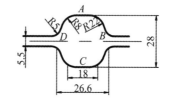

(g)K4(第17道次) (h)K3(第18道次)

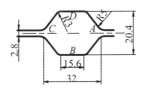

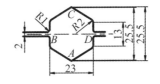

(i)K2(第 19 道次)　　　　　　(j)K1(第 20 道次)

图 4 - 6　精轧过程孔型系统

从图 4 - 5、图 4 - 6 可知,在钎钢开坯过程中,采用的是箱型孔型和菱—方孔型系统,其中前 6 个道次的箱型孔型是非对称孔型;在精轧过程中,采用的是菱形—方—六角—立压—成品孔型。

4.3.2　基本假设

轧制是一个非常复杂的变形过程。根据轧制工艺和车间生产的实际情况,为了便于数学处理和有限元计算,提高模拟效率,在保证模拟精度的前提下,经综合考虑,提出以下基本假设:

① 轧件和芯棒体积不可压缩。

② 忽略轧制过程中的轧辊弹跳。

③ 轧件为各向同性材料。

④ 轧辊为刚体,忽略轧辊的弹性变形。在热轧过程中,轧辊的弹性变形相对轧件的塑性变形要小得多,对轧件的变形影响很小,故可以不予考虑。忽略轧辊的弹性变形可以减少计算量,缩短计算时间。

4.3.3　几何模型的建立

在钎钢轧制过程中,轧辊的变形程度非常小,在有限元建模时视其为刚体。而轧件的变形程度很大(属于大变形),可忽略其弹性变形,在有限元建模时视其为塑性体,采用刚塑性有限元简化轧制模型。首先应用 Pro-Engineer 软件对轧辊、芯棒和轧件进行三维建模,之后将几何模型导入 DEFORM - 3D 有限元软件中,建立钎钢轧制过程有限元模型。图 4 - 7 和图 4 - 8 为轧件与芯棒装配图和第一机架几何装配图。轧辊在热轧过程中,弹性变形非常小,可以按照刚性体处理,因此对轧辊不划分单元格,只研究轧件在成形过程中的变形、温度场。实际轧制过程中轧件长度较长,坯料长度是 9 m,再加上各道次的延伸,如果模拟时取实际轧件长度,则计算量巨大。当轧制变形区外两端的轧件长度大于变形区长度的 2 倍以上时，才可建立起稳定的轧制变形过程。采用绝对网格划分的方式进行网格划分，单元采用四节点四面体单元，将轧件和芯棒定义为刚塑性体，采用刚塑性模型进行模拟计算。考虑到计算时间，同时轧件必须充满变形区，开坯坯料取 300 mm，芯棒取 500 mm，轧材坯料取 200mm，芯棒取 400 mm。

4.3.4 材料模型的建立

影响有限元数值模拟结果准确度的一个重要因素是能否准确描述材料。在刚塑性有限元软件中，材料模型参数包括金属材料的流变应力模型、热物性、杨氏模量、泊松比、热膨胀系数等。

图 4 - 7　轧件与芯棒装配图　　　　图 4 - 8　第一机架几何模型

在钎钢轧制过程有限元数值模拟中，轧件的材料选用的是钎钢实际生产中用的 55SiMnMo 钢，其流变应力模型采用第 3 章建立的本构方程[132]，其他材料特性如图 4 - 9、表 4 - 1 所示。

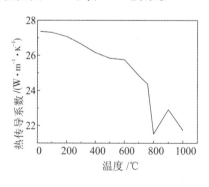

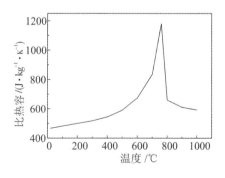

（a）热传导系数　　　　　　　　　　（b）比热容

图 4 - 9　55SiMnMo 钢热物性

表 4 – 1　55SiMnMo 钢材料特性

材料特性	数值
泊松比	0.3
热膨胀系数/K^{-1}	1.1×10^{-5}
热辐射系数/(W·m^{-2}·K^{-4})	0.6

芯棒材料为 80Mn14 高锰钢，材料特性如表 4 – 2 所示，其峰值应力流变应力本构方程为

$$\dot{\varepsilon} = 2.7 \times 10^{18} \left[\sinh(8.373 \times 10^{-3} \sigma) \right]^{7.295794} \exp\left(\frac{-4.854562 \times 10^{5}}{RT} \right)$$

$$(4 – 31)$$

表 4 – 2　80Mn14 钢材料特性

材料特性	数值
泊松比	0.3
热膨胀系数/K^{-1}	2.31×10^{-5}
热传导系数/(W·m^{-1}·K^{-1})	25.539
热辐射系数/(W·m^{-2}·K^{-4})	0.6
比热容/(J·kg^{-1}·K^{-1})	745

4.4　初始条件及边界条件设置

4.4.1　初始条件设置

（1）初始温度

建立的钎钢轧制过程有限元模型中，初始温度条件主要有坯料初始温度、轧辊温度和环境温度，具体温度设定如表 4 – 3 所示。

表 4 – 3　初始温度

坯料初始温度/℃	轧辊温度/℃	环境温度/℃
1150	30	25

（2）坯料初始致密度

铸坯在凝固过程中由于补缩条件和冷却速度不同，两面的柱状晶逐渐向中心生长，碰到一起造成"搭桥"。这种现象阻止了液相穴内桥上面的钢水向下

面的钢水凝固收缩的补充，在下面的钢水全部凝固后，就会留下许多小孔隙。通常这样的小空隙都存在于铸坯的中心部位，因此这些小孔隙也称为中心疏松。铸坯内部不可避免地存在一定的中心疏松缺陷，而且这些缺陷以裂纹、孔洞或疏松等形式存在。

由于铸坯从外部到心部疏松程度不同，会导致坯料各位置硬度不同，为了量化铸坯的疏松程度，测定了钎钢轧制使用的铸坯表面内部硬度分布。由于铸坯断面组织不均匀会导致铸坯表面硬度分布不均匀，这样就无法根据硬度分布来反映铸坯的疏松程度，因此需要对铸坯（坯厚为 7 mm）进行正火处理，使坯料表面组织含量一致且分布均匀。之后利用 THR – 150D 洛氏硬度计进行硬度测量，取铸坯四分之一区域共 60 个测试点，每个测试点测试 2~3 次。图 4 – 10 是国内某钢厂提供的横断面为 300 mm×300 mm 的方形连铸坯断面图（硬度测试后）。

图 4 – 10　连铸坯断面图

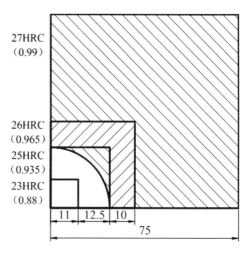

图 4 – 11　1/4 连铸坯硬度分布

图 4 – 11 显示的是 1/4 连铸坯硬度分布。从图中可以看出铸坯硬度从外部到心部可分为 4 个区。铸坯外部大部分区域由于冷却速度快，材料相对密度较大，硬度为 27HRC，取该区域材料相对密度为 0.99（该值为相对值，反映坯料不同区域疏松情况，若该值为 1，并不代表对应区域完全致密）；而坯料中间部位有两个区域疏松缺陷相对严重，硬度分别为 26HRC 和 25HRC，取其材料相对密度分别为 0.965 和 0.935；虽然在心部有部分区域硬度为 23HRC，属于缺陷最严重部位，但由于采用机械钻孔法钎钢生产工艺，需要对铸坯内部钻一个直径为 47 mm 的通孔，恰好钻掉了这个区域，所以在有限元模型中无须考虑。在钎钢轧制过程有限元模型中，根据图 4 – 11 来设置铸坯横断面的初始相对密

度分布，如图 4 – 12 所示。

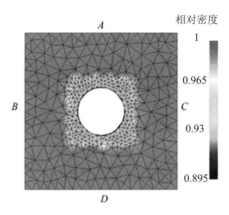

图 4 – 12　初始相对密度分布

4.4.2　边界条件设置

4.4.2.1　传热边界条件

在钎钢轧制过程有限元模型中，主要存在轧辊与轧件接触面和轧件自由表面两种边界条件需要设定。

（1）轧辊与轧件接触面

在轧辊与轧件接触面上，存在接触换热以及由于二者相对运动而产生的摩擦生热的边界条件。

由于接触传热比较复杂，一般用经验公式表示：

$$q_j = h_j(T - T_f) \tag{4 – 32}$$

式中，q_j——接触换热热流，W/m^2；

$\quad$ h_j——等效接触导热系数，影响接触换热的所有因素都通过该系数考虑，

$\qquad$ $h_j = 15$ kW/(m$^2 \cdot$ ℃)。

$\quad$ T——轧件表面温度，℃；

$\quad$ T_f——与轧件接触的轧辊表面温度，℃。

轧件与轧辊之间的相对摩擦会导致生热，所以产生的热量是摩擦力所做的功。对于钎钢轧制过程轧件摩擦表面，有

$$q_f = k_f \mid \tau \Delta v \mid \tag{4 – 33}$$

式中，q_f——轧件摩擦表面由摩擦产生的热流，W/m^2；

$\quad$ τ——接触面上的摩擦力，N；

Δv——接触面上相对滑动速度，mm/s；

k_f——热量分配系数，$k_f = 0.5$。

（2）轧件自由表面

在钎钢轧制过程中，接触换热的区域所占比例很小，大部分区域处于热辐射和自然对流换热区。

由牛顿冷却定律可得

$$q_k = h_k(T - T_\infty) \tag{4-34}$$

式中，q_k——轧件表面自然对流换热的热流，W/m^2；

h_k——自然对流换热系数，$h_k = 0.02\ kW/(m^2 \cdot \text{℃})$；

T_∞——环境温度，℃。

轧件外表面与周围环境辐射换热可由辐射换热定律确定：

$$q_r = \delta\sigma(T^4 - T_\infty^4) \tag{4-35}$$

式中，q_r——轧件表面辐射换热的热流，W/m^2；

δ——黑度值，$\delta = 0.6$；

σ——玻尔兹曼常数，$\sigma = 5.669 \times 10^8\ J/K$。

4.4.2.2　摩擦边界条件

摩擦在金属塑性成形过程中非常复杂，它不仅与轧辊、轧件本身的物理性质和表面状态有关，而且与变形程度、轧制速度、变形温度等因素有关。在有限元数值模拟过程中，计算结果的准确性在一定程度上受到摩擦模型及其参数的选取影响。通常采用的摩擦模型有3种：常剪切力模型、库仑模型和线性黏摩擦模型。在DEFORM-3D有限元软件中，采用常剪切力模型，轧辊与轧件接触面遵循剪切摩擦定律，轧辊与芯棒之间的摩擦因子设为0.9，轧件与轧辊之间的摩擦因子设为0.7。

4.4.2.3　运动边界条件

根据实际的轧制情况，在仿真开始阶段给轧件一个较低的初速度；在轧件处于稳定轧制状态时，去掉这个初速度，使推板与轧件脱离，此时轧件完全靠与轧辊之间的摩擦来继续运动，实现稳定轧制。根据钎钢轧制工艺特点，在道次之间轧件需要进行90°翻钢，在第6道次和第7道次之间进行顺时针45°翻钢。在仿真中，将推板的初速度设为400 mm/s。各机架轧辊名义直径 D_0 和轧制速度 v 如表4-4所示。

表 4 - 4 各轧机机架的轧辊名义直径 D_0 与轧制速度 v

	名义直径 D_0/mm	轧制速度 v/(mm·s^{-1})
第一机架	550	1375
第二机架	550	1375
第三机架	500	1250
第四机架	360	1800
第五机架	360	1800
第六机架	300	1500
第七机架	300	1500
第八机架	300	1500

第5章　钎钢热穿孔过程分析

二辊斜轧穿孔过程是钎钢生产的第一道变形工序，穿孔得到的毛管几何尺寸对钎钢最终几何尺寸影响很大。本章对变形区金属流动、运动学、咬入条件和穿孔作用力进行深入分析计算。将有限元模型计算出的轧制力和轧制速度与工厂数据值进行对比，验证穿孔有限元模型的有效性。应用穿孔仿真模型分析轧件旋转横锻效应的成形机理。应用穿孔仿真模型得到穿孔送进角和顶头前伸量对金属变形及毛管尺寸精度的影响规律。

5.1　穿孔变形区金属变形分析

本节通过对穿孔变形区金属变形及流动情况的理论分析结果和仿真结果的比较，验证二辊斜轧穿孔三维刚塑性有限元仿真模型的准确性[110-111]。

穿孔的整个变形区大致可以分为4个区域，如图5-1所示。

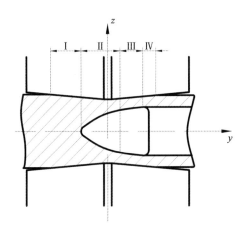

图5-1　变形区划分

　　Ⅰ区称为穿孔准备区，即轧制实心圆坯料区。Ⅰ区的特点是，由于轧辊入口锥表面有锥度，沿轧制线方向前进的圆坯逐渐在直径上受到压缩。被压缩部分的金属一部分横向流动，坯料断面由圆形变成椭圆形，一部分金属主要是表层金属，朝着轴向延伸，从而在坯料前端面形成一个喇叭口状的凹陷，如图 5 - 2(a)所示。图 5 - 2(b)是穿孔准备区单元运动速度断面图，由图可知，断面各单元有旋转运动分量，从外到内，旋转运动分量依次减小。穿孔准备区出口断面仿真结果如图 5 - 3(a)所示。

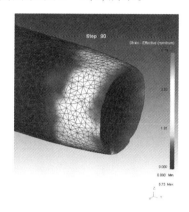　　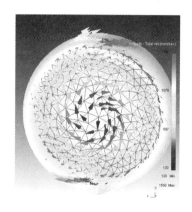

（a）Ⅰ区金属流动三维图　　　　　　　　（b）Ⅰ区单元运动速度图

图 5 - 2　穿孔准备区

　　Ⅱ区称为穿孔区。该区的主要作用是穿孔，即由实心坯料变成空心的毛管。该区从金属与顶头接触开始到顶头圆锥带为止。这个区的主要特点是压缩壁厚。由于轧辊表面与顶头间距离是逐渐减小的，因此毛管壁厚被逐渐压缩。壁厚上被压缩的金属由于横向变形受到导板的阻止，纵向延伸变形是主要的。该区延伸最大。穿孔区出口断面图如图 5 - 3(b)所示。

　　Ⅲ区称为辗轧区。该区的主要作用是辗轧管壁，改善管壁的尺寸精度和内外表面质量。在辗轧区顶头母线与轧辊母线相互平行，所以压下量很小。辗轧区出口断面图如图 5 - 3(c)所示。

　　Ⅳ区为转圆区。该区的作用是把椭圆形毛管转圆。该区的长度很短，变形实际上是塑性弯曲变形，基本上没有延伸变形。转圆区出口断面图如图 5 - 3(d)所示。

　　综上，毛管在 4 个变形区出口处的断面仿真结果与经验分析相符合，初步验证了钎钢穿孔有限元模型的准确性。

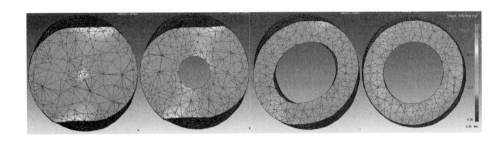

　　(a)穿孔准备区　　　　(b)穿孔区　　　　　(c)辗轧区　　　　　(d)转圆区

图 5 - 3　毛管在各变形区出口处的断面图

5.2　旋转横锻效应分析

　　斜轧实心工件时,工件容易产生纵向内撕裂,这种现象称为孔腔形成,或称旋转横锻效应。在工件中心产生的撕裂称为中心孔腔。二辊斜轧穿孔是曼内斯曼兄弟利用孔腔形成机理发明的。1886 年初次试用斜轧穿孔时,他们试图用孔腔形成而不用顶头即将实心坯斜轧成毛管,但因内孔小且不规整和内壁粗糙等原因而不能实用。于是在变形区出口部分放置一个顶头,穿孔时圆坯先在轧辊入口锥受压缩而产生孔腔,有孔腔的空心坯在轧辊出口锥的变形区部分用顶头进行减壁、扩内孔和平整表面而得到厚壁毛管。

　　孔腔的形成与金属的应力应变状态有关。对于实心坯斜轧时的应力应变状态,国内外学者都进行了大量的研究工作。但是由于斜轧过程比较复杂,往往用一般的轧制理论和旋转横锻效应还不能阐明这一过程的本质。因此,对斜轧时孔腔形成机理的解释并无统一的见解。本节应用三维二辊斜轧穿孔有限元模型,分析旋转横锻效应的成形机理。

　　在二辊斜轧穿孔过程仿真结果中,按照图 5 - 4 所示取点,分析顶头前轧件中心的主应力状态。图 5 - 4 中所示 xoz 横截面是处于与顶头接触的临界截面。在横截面内取 20 个点,其中 P_0 为轧件中心点,P_{19} 为轧件与轧辊接触点。3 个主应力分量沿直径的分布情况如图 5 - 5 所示。

　　图 5 - 5 中横坐标为各点到 P_0 点的距离,即各点的 z 坐标值;纵坐标为主应力值。从图中可以看出,横向应力 σ_x 在靠近轧件与轧辊接触面处为压应力,而在轧件中心区为拉应力,在中心处横向拉应力 σ_x 达到最大。轴向应力 σ_y 随 z

坐标值的变化与横向应力变化趋势相同,但变化幅度较小。纵向主应力 σ_z 恒为压应力,应力值从中心到外表面逐渐增大。轧件中心的主应力状态为(+ , + , −)。轧件中心金属受到的压应力沿外力作用方向,拉应力垂直于外力方向。

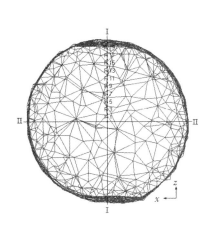

图 5 − 4　横截面内取点

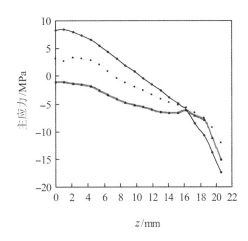

图 5 − 5　横截面内的主应力分布状态

图 5 − 6 为图 5 − 4 所示横截面内的切应力分布状态图,其中图 5 − 6(a)为各点切应力随 z 坐标值变化的趋势曲线。从图中可以看出,在轧件中心区(即纵坐标原点附近) τ_{xy} 为正, τ_{yz} 和 τ_{zx} 为负。图 5 − 6(b)为图 5 − 4 横截面中 Ⅱ 方向各点的切应力分布状态。从图中可以看出,在原点附近 τ_{xy} 为负, τ_{yz} 和 τ_{zx} 为正。轧件中心部分金属受交变的切应力。

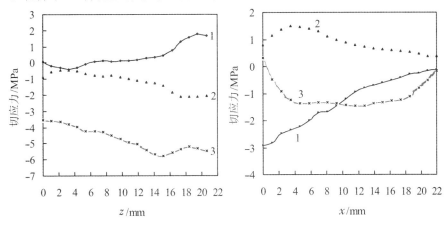

(a)Ⅰ方向　　　　　　　　　　　　　(b)Ⅱ方向

图 5 − 6　横截面内的切应力分布状态图

1— τ_{xy} ; 2— τ_{yz} ; 3— τ_{zx}

在 yoz 纵截面内分析轧件中心线上的主应力分布,如图 5-7 所示。图 5-7 中横坐标 0 点为中心线上轧件与顶头接触的临界点,即图 5-4 横截面的中心。从 0 点沿中心线 y 向轧件穿孔准备区($-y$)方向取 20 个点,横坐标为各点到 0 点的距离,纵坐标为各点的主应力值,得到轧件中心轴线 y 上的主应力分布。从图中可以看出,轧件斜轧时,中心的横向主应力 σ_x 在轧件与顶头接触点附近表现为较大的拉应力,σ_x 在穿孔准备区内随着与接触点距离的增加而减少。中心的轴向主应力 σ_y 在接触点附近表现为拉应力,其值小于 σ_x,σ_y 在穿孔准备区内随着与接触点距离的增加而减少,在穿孔准备区的前段表现为压应力。中心区的纵向主应力 σ_z 在整个穿孔准备区均为压应力。从图中可以明显看出,轧件中心的主应力状态为($+$, $+$, $-$)。

提取轧件中心线上节点 608 在不同计算步下 3 个主应力值,节点主应力随计算步增加的变化趋势如图 5-8 所示。608 节点在第 430 计算步与顶头接触。从图中可以看出,轧件的横向主应力 σ_x 随每步增量逐渐增大到 2.5 MPa 后,在接触区附近减小,并一直表现为拉应力。轴向主应力 σ_y 和 σ_x 的变化趋势相同,但其数值小于 σ_x。纵向主应力 σ_z 一直表现为压应力。节点在与顶头接触前,即第 430 步前的主应力状态为($+$, $+$, $-$)。

综上分析,斜轧穿孔时轧件中心部分金属在交变的切应力和很大的拉应力作用下形成旋转横锻效应,符合综合应力理论。经实验测定,55SiMnMo 钢材在 1050 ℃时的峰值应力为 76.44 MPa,顶头前金属的应力状态达不到撕裂状态,轧件不会在顶头前形成孔腔而造成内折叠。

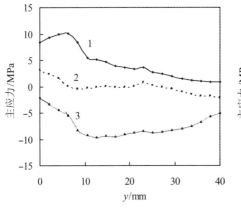

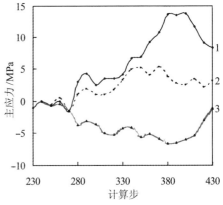

图 5-7　沿轧件中心线上的应力分布　　图 5-8　轧件中心线节点主应力的变化

1—σ_x ; 2—σ_y ; 3—σ_x　　　　　　　1—σ_x ; 2—σ_y ; 3—σ_x

5.3 穿孔有限元模型的验证

5.3.1 轧件的速度分析

本节应用金属流动秒流量相等原则，进行轧辊和轧件的速度理论分析与计算，得到轧件轴向速度和切向速度沿变形区长度分析的理论计算值。通过轧件速度场量的理论计算结果与仿真结果的对比分析，验证二辊斜轧穿孔三维刚塑性有限元仿真模型的准确性。

（1）轧辊的速度分解

设轧辊任意截面的圆周速度为 W，直径为 D_x，则根据图 5-9，速度向量 W 可分解为两个分量：x 轴向的速度，即切向旋转速度 W_x；y 轴向的速度，即前进速度 W_y。

$$W_x = W\cos\beta = \frac{\pi D_x n}{60}\cos\alpha \qquad (5-1)$$

$$W_y = W\sin\beta = \frac{\pi D_x n}{60}\sin\alpha \qquad (5-2)$$

式中，D_x——任意截面的轧辊直径，mm；

　　　n——轧辊转速，r/min；

　　　α——送进角，(°)。

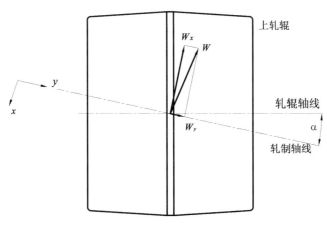

图 5-9 轧辊速度分解图

（2）轧件的送进速度及轴向滑移

如果轧件在孔型中没有滑动，轧件与轧辊表面接触点的理论轴向速度与理论切向速度相等。但实际上金属从开始咬入到变形区最窄的孔喉这一段，随着轧件的前进，其断面面积越来越小，金属流动的速度越来越快。

金属与轧辊间的滑移是影响坯料穿孔过程最主要的因素之一。它影响着设备的生产率和所得到毛管的质量。穿孔过程中，轧件运动速度分量和轧辊运动速度分量并不相等。轧件和轧辊的轴向速度之比称轴向滑移系数 η_0，有

$$\eta_0 = \frac{V_y}{W_y} \qquad (5-3)$$

根据体积不变定理，金属在变形区内任意断面上的平均轴向速度

$$V_y = \frac{V_{y1}F_1}{F_y} \qquad (5-4)$$

式中，V_{y1}——轧件在出口断面上的平均轴向流动速度，即出口速度，mm/s；

F_1——轧件出口断面的横截面积，mm^2；

F_y——任意断面上的面积，mm^2。

$$V_{y1} = \eta_{01} \times W_{y1} \qquad (5-5)$$

式中，W_{y1}——在出口断面处轧辊的轴向速度，mm/s。

轴向滑移系数 η_0 在变形区内是一个变量，出口断面的轴向滑移系数 η_{01} 可按式（5-6）估算。

$$\eta_{01} = 0.68 \left(\ln\alpha + 0.05 \frac{d_u}{d_m}\varepsilon_0 \right) \mu\sqrt{n} \qquad (5-6)$$

式中，d_u——毛管的外径，mm；

d_m——顶头的外径，mm；

μ——摩擦系数；

α——送进角，（°）；

n——轧辊个数；

ε_0——顶头前轧件的径向压下率，%。

应用以上公式得到金属在变形区内各横截面面积及平均轴向速度，分别如图 5-10 和 5-11 所示，图中横坐标为沿变形区长度方向，即 y 轴方向，坐标"0"点为孔喉位置。

图 5-11 中，曲线 1 为 yoz 截面内辊管接触处轧辊的轴向速度沿变形区长度的变化曲线。曲线 2 为 yoz 截面内辊管接触处轧件的轴向速度沿变形区长度

的变化曲线。由曲线 1 可知，轧辊的轴向速度在整个变形区内的变化较小，最小值在入口处，为 211.26 mm/s；最大值在横坐标"0"点处，即孔喉处，其值为 216.58 mm/s。轧辊轴向速度 W_y 在变形区内的变化率为 2.5%。由曲线 2 可知，轧件入口处的平均轴向速度为 61.81 mm/s，在接近压缩带时速度快速增加，在轧件出口处的平均轴向速度为 97.00 mm/s。

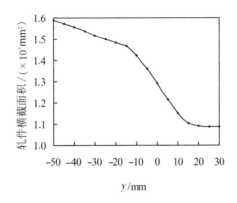

图 5 – 10　横截面面积的变化图

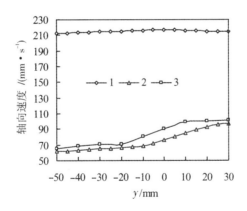

图 5 – 11　轴向速度分布图

1—轧辊；2—轧件计算值；3—轧件 FEM 仿真结果

在 DEFORM 软件后处理程序中提取变形区内各断面的平均轴向速度，如图 5 – 11 中曲线 3 所示。由理论计算值曲线 2 和 FEM 仿真结果曲线 3 的对比可知，轧件平均轴向速度的理论值与仿真结果的变化趋势相同，轧件平均轴向速度从入口断面开始逐渐上升，在接近压缩带时速度快速增加，在接近出口时趋于平稳。

从图 5 – 11 中可以看出，在变形区内任意点金属轴向流动速度都小于轧辊轴向分速度，全部是后滑。这主要是顶头轴向阻力影响的结果。

（3）轧件的切向速度及切向滑移

轧件的切向滑动系数 η_t 可表示为

$$\eta_t = \frac{V_x}{W_x} \qquad (5-7)$$

式中，V_x——轧件的切向速度，mm/s。

在斜轧穿孔过程中，变形区各个截面上的切向滑移系数是不相等的。因为各个截面的塑性变形程度、相应的角速度不同，而且各个截面是相互联系着的一个整体，因此各截面间必然产生相互影响。

在仿真结果中，沿轧制中心线取 yoz 截面，应用变量分布子程序在截面下边界处取 17 个点，如图 5-12 所示。其中 P_0 点为咬入点，P_{16} 点为轧出点。提取轧件在各点处的切向速度，如图 5-13 曲线 2 所示。

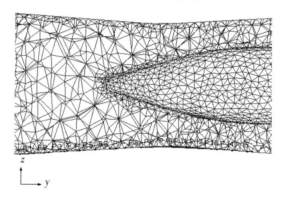

图 5-12 轧件切向速度取点

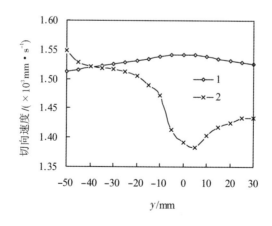

图 5-13 切向速度变化曲线

1—轧辊切向速度；2—轧件切向速度仿真结果

图 5 - 13 中横坐标为各点到孔喉的距离在 y 轴的投影。图中曲线 1 为各点处轧辊的切向速度。由曲线 1 可知，轧辊的切向速度从 P_0 点开始沿变形区长度逐渐增大，在孔喉处达到最大值，然后趋于减小。轧辊切向速度沿变形区长度上的变化率在 1.9% 以内。由曲线 2 可知，轧件切向速度从 P_0 点开始沿变形区长度不断减小，在孔喉附近达到最小值 1380 mm/s，然后逐渐增大。由曲线 1 和曲线 2 的比较可知，在咬入点附近，轧件的切向速度大于轧辊的切向速度，为前滑区。

切向滑移系数沿变形区的分布如图 5 - 14 和图 5 - 15 所示。

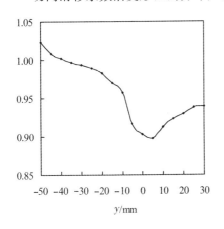
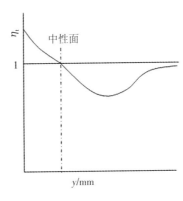

图 5 - 14　切向滑移系数的仿真结果　　**图 5 - 15　切向滑移系数的实验测定资料**

图 5 - 14 为根据式(5 - 7)计算得到的切向滑移系数沿变形区长度的分布曲线。中性面在入口侧距孔喉 37 mm 处，轧件仅在入口段为前滑区，前滑区长度占整个变形区长度的 16.25%。沿变形区长度上大部分为后滑区。文献中根据穿孔变形区中金属和轧辊滑移情况的实际测定资料，总结切向滑移系数沿变形区的分布，如图 5 - 15 所示。由图 5 - 14 和图 5 - 15 的对比可以明显看出，切向滑移系数沿变形区分布的仿真结果与实验规律相符合。

5.3.2　轧件的螺距

斜轧穿孔时，两轧辊逆时针旋转。与轧辊接触后，实心坯料在摩擦力作用下逆时针旋转。由于送进角的存在，轧件在旋转的同时沿轴向移动。因此，在变形区中轧件做螺旋运动。表示螺旋运动的基本参数是每半转的位移值，即螺距(t_s)：

$$t_s = \frac{\pi d}{2} \cdot \frac{V_y}{V_x} \qquad\qquad (5-8)$$

将轧件切向运动速度 V_x、轴向运动速度 V_y 的仿真结果带入式(5-8),得到螺距沿变形区长度的变化曲线,如图 5-16(a)所示。可以看出,在变形区中沿轧件前进方向螺距值逐渐增大。这是由于轧件断面积不断减小,而轧件轴向速度不断增加。图 5-16(b)是文献中试验测得的斜轧穿孔时变形区中的螺距变化图。由两图对比可知,仿真结果中螺距的变化趋势与传统理论分析结果及原有实验结果相符合。

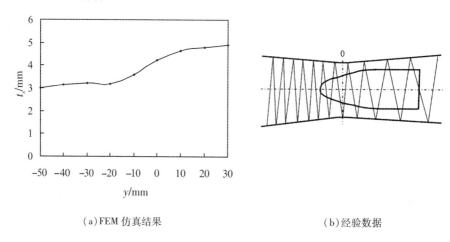

(a)FEM 仿真结果   (b)经验数据

图 5-16　螺距在变形区的分布情况

5.3.3　咬入条件

斜轧穿孔过程存在着两次咬入:第一次咬入是在轧件和轧辊开始接触的瞬间,由轧辊带动轧件运动而把轧件拽入变形区;第二次咬入是金属和顶头相遇对需要再克服顶头的轴向阻力才能继续进入变形区。通常,满足了一次咬入的条件并不一定能满足二次咬入的条件。如果不能满足二次咬入的条件,则轧件的前进运动停止而旋转运动可以继续进行。本节对斜轧穿孔过程的一次咬入和二次咬入条件进行了理论计算,得到二次咬入条件及所需推钢力的大小,从而验证二辊斜轧穿孔三维刚塑性有限元仿真模型的准确性。

(1)一次咬入条件

一次咬入条件又分为旋转条件和前进条件,二者必须同时满足。

如果忽略由于推料机外推力而在轧件后端产生的摩擦阻力矩和轧件旋转的惯性矩,则轧件旋转条件由式(5-9)确定:

$$n(M_T - M_P) \geqslant 0 \qquad (5-9)$$

式中，n——轧辊数目；

　　M_T——使轧件旋转的总力矩，即旋转摩擦力矩，N·m；

　　M_P——由正压力产生的阻止轧件旋转的力矩，称正压力力矩，N·m。

如图 5-17 所示受力分析，并考虑到轧辊入口锥面角很小，因此直径压下量很小，可以认为在咬入截面上(即 A 点所在截面上)轧件的直径近似为 d_z，轧辊截面的直径近似为 D。

分析咬入点 A 的受力，可得

$$\boldsymbol{M}_T = \frac{1}{2}d_y T_x \approx \frac{1}{2}d_z T_x = \frac{1}{2}d_z T\sin\theta = \frac{1}{2}d_z Pf\sin\theta \qquad (5-10)$$

式中，θ——摩擦力的方向角，(°)；

　　P——正压力，N；

　　d_z——轧件直径，mm；

　　f——摩擦系数；

　　T——摩擦力，N。

$$\boldsymbol{M}_P = P_{yz}a \approx Pa \qquad (5-11)$$

$$a = \frac{b}{2} \times \frac{D + d_z}{D} \qquad (5-12)$$

式中，a——力臂，mm；

　　D——轧辊最大直径，mm；

　　b——金属同轧辊的接触宽度，mm。

仿真得到一次咬入时的轧件旋转情况如图 5-18 所示。

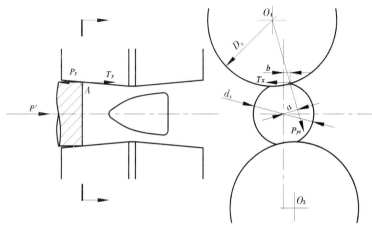

图 5-17　一次咬入时的受力分析

图 5 - 18　一次咬入仿真结果

由仿真结果可知,轧件的平均切向转速为 1282.99 mm/s,可以满足一次咬入旋转条件。

前进咬入条件是拽入轧件的轴向力应大于或等于轴向阻力,其表达式为

$$n(T_y - P_y) + P' \geqslant 0 \tag{5 - 13}$$

式中,T_y——每个轧辊作用在轧件上的摩擦力的轴向分量,N;

　　P_y——每个轧辊作用在轧件上的正压力轴向分量,N;

　　P'——后推力,一般穿孔时为 0,N。

如图 5 - 17 所示的受力分析可得

$$T_y = T\cos\theta = Pf\cos\theta \tag{5 - 14}$$

$$P_y = P\sin\alpha_1 \tag{5 - 15}$$

其中轧辊入口锥的锥面角 $\alpha_1 = 3.5°$。

将式(5 - 14)和式(5 - 15)代入式(5 - 13),可以判断能否满足前进咬入条件。

在二辊斜轧穿孔过程仿真计算结果中提取相同工艺参数下的仿真结果,其中每个轧辊作用在轧件上的正压力的轴向分量 $P_y = 281$ N,每个轧辊作用在轧件上的轴向拽入摩擦力 $T_y = 346$ N,能够满足式(5 - 13)。仿真结果与理论分析结果一致。

(2)二次咬入条件

二次咬入条件也分为旋转条件和前进条件。在旋转条件中增加了一项顶头的惯性阻力矩,但数值很小。因此,二次咬入的旋转条件基本和一次咬入的条件相同。二次咬入的关键是前进条件。二次咬入时的作用力分析简图如图 5 -

19 所示。

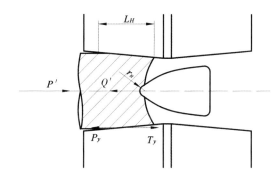

图 5 – 19 二次咬入时的作用力分析

当没有后推力时，二次咬入的前进条件为

$$n(T_y - P_y) > Q \tag{5 – 16}$$

式中，Q——顶头轴向力。

增大轧件上的轴向摩擦力或减小顶头鼻部阻力可以改善咬入条件。增大 T_y 的方法有 5 种，分别是减小轧辊入口锥的锥面角、加大顶头前压缩量、增大金属和轧辊间的摩擦系数、采用刻沟槽辊和加大辊径。减小顶头鼻部阻力的办法是顶头鼻部半径不能取得太大。在生产中，正确调整顶头位置是很重要的，因为当轧辊压缩带压下量一定时，顶头位置的变化会使轧件顶头前压下量发生变化。这里采用的改善咬入条件的方法是添加后推力，由式(5 – 16)可以计算得到轧件咬入所需的最小后推力。

二次咬入条件没有考虑导板的阻力，这就说明，在咬入区内不希望轧件和导板相接触，从而减小轴向阻力；否则，由于增加了一个导板阻力，更难于实现二次咬入。

在仿真建模中，如果不在轧件的后端面加后推力边界条件，则轧件无法实现二次咬入。经加 400 N 的后推力后，轧件顺利咬入。仿真结果与理论分析结果一致。

5.3.4 穿孔作用力

在二辊斜轧穿孔过程中，参与金属变形的工具有轧辊、导板和顶头。穿孔作用力是指轧件在变形时作用在工具上的力。穿孔作用力是轧机设计和生产的原始数据，穿孔作用力的求解对轧机设计和拟定工艺都是重要问题。

目前，对穿孔作用力的研究很不充分，实际测定也不多。关于计算穿孔时的作用力在国外有一些文献，但和实际差别很大。其中应用较为广泛的有 A. 格莱依公式和 A. H. 采利科夫公式。这些公式是把复杂的斜轧变形做了过多的简化和假定而导出的，和实际测定资料相比，数值相差有时达 1 倍以上。近年来，为了满足实际工程应用，多采用实际测定回归或在实际测定资料基础上总结出的半经验公式。

本节应用二辊斜轧穿孔作用力半经验公式，计算了轧制压力、顶头轴向力和导板横向力。对穿孔作用力的理论计算结果和有限元仿真结果进行了对比分析，从而验证二辊斜轧穿孔三维刚塑性有限元仿真模型的准确性。

（1）轧制压力

金属对轧辊的轧制压力

$$P = pF \tag{5-17}$$

式中，P——轧制力，N；

$\quad p$——平均单位压力，N/mm^2；

$\quad F$——轧件和轧辊的接触面积，mm^2。

为了确定斜轧穿孔的轧制压力，必须首先知道金属同轧辊的接触面积。接触弧长计算示意图如图 5 - 20 所示。

整个变形区长度：

$$l = l_1 + l_2 + l_3 = \frac{d_z - d_0}{2\tan\alpha_1} + l_2 + \frac{d_u - d_0}{2\tan\alpha_1} \tag{5-18}$$

由于轧辊轴线和轧制线相交成 α 角，实际变形区长度要小一些，但计算误差不超过 8% ~ 10%。

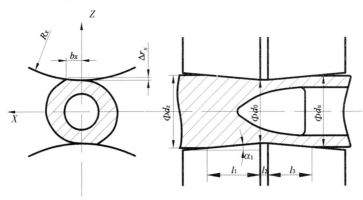

图 5 - 20 计算变形区长度

由图 5 - 20 可知，接触面的宽度由式(5 - 19)确定：

$$b_x = \sqrt{\frac{2R_x r_x}{R_x + r_x}\Delta r_x} + \frac{R_x r_x}{R_x + r_x}(\xi_x - 1) \qquad (5 - 19)$$

式中，R_x——轧辊半径，mm；

$\quad r_x$——坯料半径，mm；

$\quad \Delta r_x$——压下量，mm；

$\quad \xi$——椭圆度系数，$\xi_x = l_x/b_x$。

接触面的宽度在变形区长度上是一个变量，求得孔喉处 $b_x = 4.34$ mm。估算接触面积为 334.3 mm^2。

在 DEFORM 中提取作用力数据，如图 5 - 21 和图 5 - 22 所示。由图 5 - 21 可以看出，轧件在 0 ~ 1.6 s 实现一次咬入，从 1.6 s 开始二次咬入并随后实现稳定轧制，平均稳定轧制力为 3.48 kN。由于穿孔变形过程的复杂性，同一变形区中存在着不同特性的变形，如圆坯的直径压缩、壁厚压缩、塑性弯曲以及在进出口锥存在严重的不均匀变形等，平均单位压力至今在理论上还未得到解决。影响轧制压力的主要因素有变形程度、轧制速度、轧制温度。同时，所有试验都证明，沿接触弧长和沿变形区长度上单位压力的分布都是很不均匀的，单位压力分布是一条复杂的曲线。参考达尼洛夫得到的低合金钢穿孔时平均单位压力实验值 120 N/mm^2，计算得平均轧制压力为 4.0 kN。理论计算值与仿真结果的偏差为 13%。

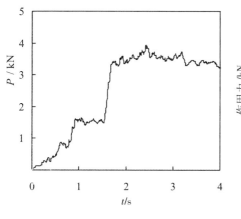

图 5 - 21 轧制力

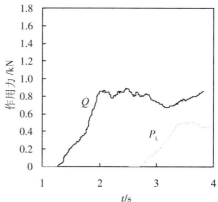

图 5 - 22 轴向力和横向受力

(2)顶头轴向力

作用在顶杆上的压力称为顶头轴向力。轴向力的大小直接影响着顶杆强度及工作的稳定性，特别是钎钢生产中穿孔壁厚大且长的毛管时，顶杆由于直径小和长度大，不能承受很大的轴向力。此外，轴向力的大小也直接影响着毛管轴向速度，而轴向速度对钎钢的质量和产量都有很大影响。因此，需要精确地计算轴向力。

轴向力包含两个方面，分别是作用在顶头鼻部的力和作用在整个顶头上的力。研究作用在顶头鼻部的力对了解顶头前轧件中心金属的应力状态以及分析顶头鼻部损坏原因是很重要的。在生产中，影响顶头鼻部上的力的因素主要是穿孔速度、顶头前压缩量以及轧辊入口锥角。顶头轴向力

$$Q_H = \pi r_H^2 P_H \qquad (5-20)$$

$$P_H = n_H \sigma_s \qquad (5-21)$$

式中，r_H——顶头鼻部半径，mm；

$\qquad n_H$——平均单位压力对金属屈服极限的比值；

$\qquad \sigma_s$——轧件材料的金属屈服极限，55SiMnMo 为 234 MPa。

轴向力 Q 由作用在顶头上的轴向力和金属同顶头接触时摩擦力的轴向分力两部分组成，轴向力

$$Q = Q_H + 2Pf\cos\varphi_0\cos\theta_c \qquad (5-22)$$

式中，φ_0——顶头母线的切线角，(°)；

$\qquad \theta_c$——螺旋倾斜角，(°)。

影响轴向力的大的因素主要有穿孔温度、延伸系数、送进角和顶头位置，但各种因素对 Q 与 P 比值的影响是较小的。实际测定的数据表明，Q/P 一般在 0.2 ~ 0.45 范围内，变化不大。可以用 Q/P 来确定轴向力。

在二辊斜轧穿孔过程仿真结果中提取顶头轴向力 Q 的数据，如图 5-22 所示。计算稳定轧制阶段顶头轴向力的平均值为 788 N，由平均轧制力 $P = 3.48$ kN，可得 $Q/P = 0.226$。

(3)导板横向作用力

导板是斜轧穿孔变形毛管时的主要变形工具之一，因而坯料作用在导板上的力是斜轧穿孔力能参数之一。目前很少有人在这方面进行研究，导板上的作用力在实际计算中往往被忽略。导板力与轧辊上压力的比值在各轧制条件下波动在 0.13 ~ 0.27 范围内。

在 DEFORM 后提取导板的横向受力 P_L，如图 5-22 所示。从图中可以看出，轧件在 2.7 s，即在二次咬入后，进入辗轧区时开始与导板接触。在稳定轧

制阶段导板所受横向力 $P_L = 477$ N，由平均轧制力 $P = 3.48$ kN，可得 $P_L/P = 0.137$。

5.4　毛管穿孔变形及尺寸精度的影响因素分析

5.4.1　穿孔总体变形规律

采用尺寸的极差和标准偏差，以及椭圆度来分析毛管内径和外径的尺寸精度。极差、标准偏差及椭圆度值越小，则毛管尺寸精度越高。

一组数据中的最大数据与最小数据的差叫作这组数据的极差（range）。极差能体现一组数据波动的范围。极差越大，离散程度越大；极差越小，离散程度越小。极差

$$R = x_{\max} - x_{\min} \tag{5-23}$$

式中，$x_{\max}$ ——一组样本数据中的最大值；

$x_{\min}$ ——一组样本数据中的最小值。

极差仅仅取决于两个极端值的水平，不能反映其间的变量分布情况，同时易受极端值的影响。因此，引入标准偏差来衡量毛管内径和外径的尺寸精度。

标准偏差（standard deviation）是一种量度数据分布的分散程度的标准，用以衡量数据值偏离算术平均值的程度。标准偏差越小，这些值偏离平均值越少；标准偏差越大，这些值偏离平均值越大。标准偏差

$$S_D = \sqrt{\frac{\sum_{i=1}^{n}(x_i - \bar{x})^2}{k-1}} \tag{5-24}$$

式中，$\bar{x}$ ——一组样本数据的平均值；

k ——一组数据中样本的数量。

在圆形钢管的横截面上存在着外径不等的现象，即存在着不一定互相垂直的最大外径和最小外径，椭圆度（Ellipticity）E 的计算公式为

$$E = \frac{d_{\max} - d_{\min}}{\bar{d}} \tag{5-25}$$

综上，极差、标准偏差及椭圆度值越小，则毛管尺寸精度越高。

在有限元仿真计算结果中提取毛管断面，如图 5-23 所示。测量得到毛管

的出口断面尺寸：平均外径 $d_1 = 45.5$ mm，平均内径 $d_2 = 26.9$ mm。

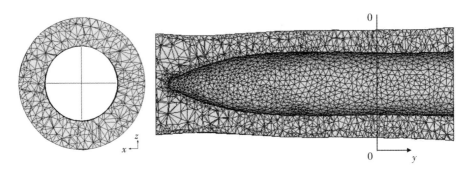

图 5 - 23　毛管的横向断面和轴向断面

　　在有限元仿真计算结果中，按照图 5 - 23 所示断面，测量毛管的内外径尺寸沿轴向的变动情况，如图 5 - 24 所示。图 5 - 24 中的横坐标零点为稳定轧制阶段一出口横断面，如图 5 - 23 所示。从图 5 - 24(a) 中可以看出，毛管外径的最大值为 45.79 mm，最小值为 45.06 mm。

　　对图 5 - 24 中的数据进行计算，得到毛管外径的极差为 0.73 mm，标准偏差为 0.22。从图 5 - 24(b) 中可以看出，毛管内径最大值为 27.39 mm，最小值为 26.54 mm，经计算得毛管内径的极差为 0.85 mm，标准偏差为 0.26。标准偏差能反映相对于平均值的离散程度，因此毛管的内径尺寸沿轴向变动量大于外径的。毛管的内径尺寸呈现明显的周期性变化。

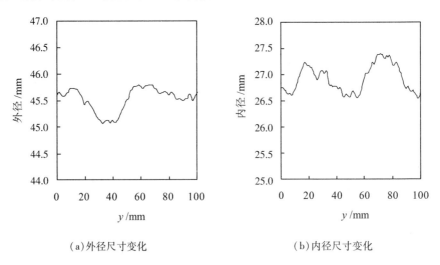

(a)外径尺寸变化　　　　　　　　　　(b)内径尺寸变化

图 5 - 24　毛管直径沿轴向的变化

对出口断面轧件的应力、应变、应变速率及温度的云图进行分析，简述其变化规律，如图 5 – 25 所示。

图 5 – 25(a)为稳定轧制阶段轧件的等效应变分布图。由于轧件外表面直接接触轧辊，其等效应变值在 10 以上，内表面的等效应变值在 6 左右。轧件外表面等效应变明显大于内表面等效应变。

图 5 – 25(b)为稳定轧制阶段轧件的等效应变速率分布图。从图中可以看出，与轧辊接触的轧件外表面区域等效应变速率较大，在 20 s⁻¹ 以上。在轧辊与轧件接触区，从轧件的外表面到内表面，等效应变速率呈减小趋势。轧件出变形区后等效应变速率值为零。

图 5 – 25(c)为稳定轧制阶段轧件的等效应力分布图。等效应力最大值区域也是分布在轧件与轧辊接触的区域内。轴向上，孔喉附近等效应力较大，向两侧逐渐减小。周向上，辊管接触区域内等效应力从外向内逐渐减小，辊管非接触区内外表面等效应力变化不大。轧件与顶头鼻部接触区存在应力集中。

图 5 – 25(d)为稳定轧制阶段轧件出口断面的温度分布图。随着半径的增大，温度略有升高。由于轧件的外表面直接与轧辊接触，有摩擦产生热量，同时外表面的变形量大，变形产生的热量多，因此其温度偏高；而轧件内表面没有与轧辊接触，且变形量相对较小，所以其温度偏低。

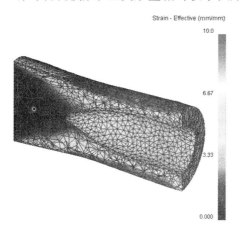

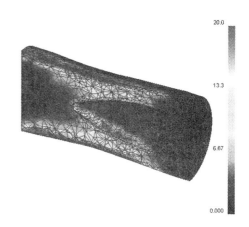

（a）等效应变云图　　　　　　　　　　（b）等效应变速率云图

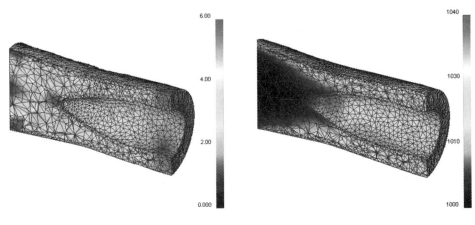

(c)等效应力云图　　　　　　　　　　(d)温度分布云图

图 5 - 25　有限元模拟云图

5.4.2　顶头前伸量对穿孔过程的影响

顶头前伸量是指顶头鼻部到轧辊压缩带中心位置的距离。顶头前伸量直接影响毛管质量、咬入条件、轴向滑移、穿孔速度以及毛管尺寸等。由于相互关系较多，无法确定在什么条件下顶头前伸量更合适，只有通过分析轧件内部变形，才能得出最佳变形对应的顶头前伸量，作为满足以上条件的合理前伸量值。

改变顶头前伸量而保持送进角和其他调整参数不变，建立穿孔过程三维有限元仿真模型。由前面变形区接触长度的计算和仿真分析可知，当送进角为 8° 时，变形区接触长度为 78 mm，其中孔喉前接触长度为 45 mm。又根据穿孔时的旋转横锻效应，顶头要在轧件与轧辊接触并旋转后接触顶头，才能实现二次咬入。因此确定顶头前伸量的取值范围为 0 ~ 35 mm。建立 8 个模型顶头前伸量 S 分别为 0，5，10，15，20，25，30，35 mm。分析顶头前伸量对穿孔作用力、等效应变率及毛管尺寸的影响规律。

（1）顶头前伸量对穿孔作用力的影响

用三维刚塑性有限元模型进行模拟计算，得到不同顶头前伸量下穿孔作用力的变化情况。在稳定轧制阶段，提取 40 个轧制正压力值计算平均值。图 5 - 26 是在不同顶头前伸量的情况下轧制正压力的变化情况。

由图 5 - 26 可以看出，当顶头前伸量为 0 时，轧制力为 3.6 kN；当顶头前伸量增加到 25 mm 时，轧制力减小到 3.4 kN。这是由于随着顶头前伸量的增加，轧件受到顶头阻力的时间提前，穿孔速度减慢，轧件螺距减小，则每半转压缩减小，同时轧件在顶前和轧辊接触面积减小，所以轧制力减小。当顶头前伸量大于 25 mm 以后，轧制力快速增加，这是由于顶头前辊管接触长度过短，轧件没有达到有效旋转。

图 5-27 为仿真计算得到的顶头轴向力随顶头前伸量的变化情况。从图中可以看出，顶头前伸量小于 25 mm 时，随着顶头前伸量的增大，顶头轴向力减小。这是由于随着顶头前伸量增加，穿孔速度减慢，轴向滑移增大，单位压缩量减小。当顶头前伸量大于 25 mm 时，轴向力快速增加，这是由于顶头前轧辊与轧件接触长度过短，轧件没有达到有效旋转，没有产生旋转横锻效应。

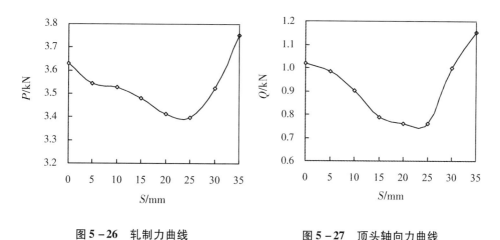

图 5-26 轧制力曲线　　　　　　**图 5-27 顶头轴向力曲线**

综上，通过顶头前伸量对轧制力和顶头轴向力影响的分析可知，顶头前伸量的合理取值范围在 10~25mm。

（2）顶头前伸量对等效应变率的影响

在二辊斜轧穿孔过程仿真结果中提取纵截面应变率变化云图，如图 5-28 所示。从图中可以看出，沿纵截面靠近咬入点处，等效应变率出现极大值且数值基本接近，在 85 s^{-1} 左右。轧件内部的应变率较表面小，说明应变是由表及里的。随着顶头前伸量变化，金属的应变相应扩大，直到轧件塑性区连通。

在二辊斜轧穿孔过程仿真结果中提取横截面应变率变化云图，如图 5-29 所示。图中各横截面为轧件变形区在轧辊压缩带中心位置的横截面。由图可知，圆周方向，应变率最大值均靠近咬入点处；圆周方向上，轧件从入口到出口，应变率逐渐减小，符合一般轧制规律。轧件外表面等效应变率最大值区域随着 y 值增大向外偏移，这主要是由于送进角的存在使得轧件外表面与轧辊接触区与 y 轴倾斜。轧件内部的应变率较外表面的应变率小，说明应变是由表及

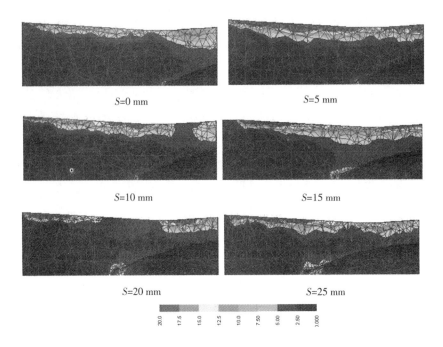

图 5 - 28　纵截面上应变率分布云图

里的。随着顶头前伸量的增加，应变率最大值区域面积增加，变形区相应扩大。当顶头前伸量大于 15 mm 时，轧件塑性变形区连通，变形抗力下降。

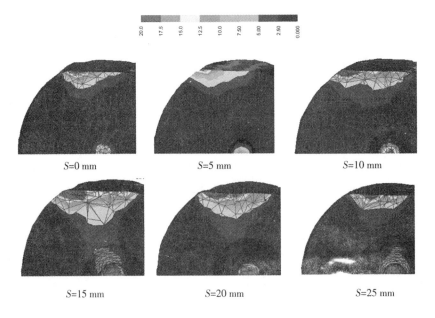

图 5 - 29　横截面上应变率分布云图

（3）顶头前伸量对轧件尺寸精度的影响

测量不同顶头前伸量下轧件的出口尺寸，分析顶头前伸量对轧件尺寸的影响。选取经过稳定轧制区的横截面作为测量断面，分别测量外径、内径和壁厚 3 组数据，每组数据测量 10 个点，记录其极值，如表 5 – 1 所示。从表中可以看出，顶头前伸量对轧件的出口尺寸有一定的影响。当顶头前伸量大于或等于 15 mm 时，轧件出口断面的椭圆度和壁厚差值明显减小，轧件出口尺寸精度提高。

表 5 – 1　顶头前伸量对轧件尺寸的影响

S/mm	最小外径 /mm	最大外径 /mm	最小内径 /mm	最大内径 /mm	最小壁厚 /mm	最大壁厚 /mm	内孔椭圆度/%	壁厚差 /mm
0	44.76	47.41	23.77	24.96	10.45	11.53	4.79	1.08
5	44.79	46.97	25.18	26.39	9.81	10.31	4.62	0.51
10	44.91	46.98	25.98	27.21	9.57	9.83	4.58	0.27
15	45.06	45.79	26.54	27.39	9.06	9.22	3.16	0.16
20	44.97	45.94	26.88	27.96	8.99	9.13	4.00	0.14
25	45.12	46.16	26.76	27.75	8.98	9.19	3.65	0.21

参考图 5 – 24 提取轴向断面内毛管外径和内径值各 100 个，分别计算不同顶头前伸量下毛管外径和内径尺寸的标准偏差值，得到顶头前伸量对毛管尺寸精度的影响，如图 5 – 30 所示。从图中可以看出，将顶头前伸量从 0 增加到 20 mm，可以显著降低外径和内径尺寸的标准偏差值，即数据集的离散程度减小，毛管的尺寸精度提高。

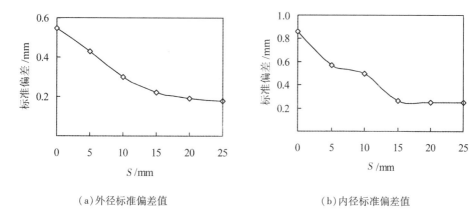

（a）外径标准偏差值　　　　　　　　（b）内径标准偏差值

图 5 – 30　顶头前伸量对毛管尺寸精度的影响

5.4.3 送进角对穿孔过程的影响

（1）送进角对变形区参数的影响

变形区参数的变化与送进角之间的关系如图 5 - 31 和图 5 - 32 所示。改变送进角将对变形区的参数产生影响。由图 5 - 31 可见，送进角增大，变形区长度逐渐缩短，这是由轧件与轧辊的空间几何位置决定的。由图 5 - 32 可见，送进角增大，金属与轧辊接触面积逐渐增大。虽然变形区长度逐渐缩短，但由于接触宽度增加，最终金属与轧辊接触面积有所增大。

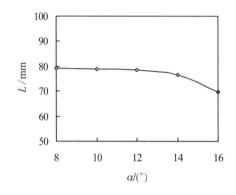

图 5 - 31　接触长度变化曲线　　　　**图 5 - 32　接触面积变化曲线**

（2）送进角对轧制力的影响

送进角对轧制力的影响曲线如图 5 - 33 所示。从图中可以看出，送进角加大时接触宽度和接触面积增加，使轧制力增加。将送进角从 8° 增加到 10° 时，轧制力变化较小。将送进角从 10° 增加到 16° 时，轧制力的增加较为显著。

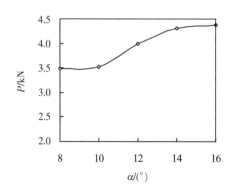
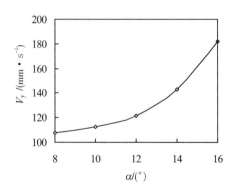

图 5 - 33　轧制力变化曲线　　　　**图 5 - 34　轴向速度变化曲线**

（3）送进角对轧制速度的影响

送进角对轧件轴向速度的影响曲线如图 5 - 34 所示。由于加大送进角，轧辊轴向分速度加大。同时，摩擦力轴向分力增加，金属与轧辊间的滑动减少，这两方面都使轧制速度加大，道次通过能力增加，生产率显著提高。同时，随着送进角的增加，穿孔时间缩短，从而使顶头的热负荷降低，寿命提高。

（4）送进角对等效应变的影响

不同送进角下，轧件出口断面等效应变云图如图 5 - 35 所示。

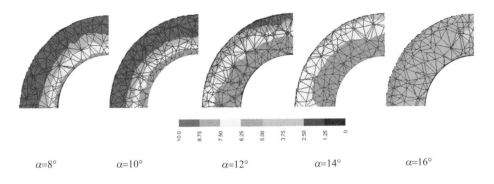

图 5 - 35　横截面等效应变云图

从图 5 - 35 中可以看出，随着送进角的增大，轧件出口断面的等效应变趋于均匀。这主要是随着送进角增加，变形区缩短，轴向速度增大，金属经过变形区的压下作用数减少，从而减少了交变应力的循环次数，使金属变形不均匀性倾向减少。

（5）送进角对毛管尺寸精度的影响

测量不同送进角下轧件的出口尺寸，分析送进角对轧件尺寸精度的影响。选取经过稳定轧制区的轧件出口横截面作为测量断面，分别测量外径、内径和壁厚 3 组数据，每组数据测量 10 个点，记录其极值，如表 5 - 2 所示。

表 5 - 2　送进角对轧件尺寸精度的影响

α /(°)	最小外径 /mm	最大外径 /mm	最小内径 /mm	最大内径 /mm	最小壁厚 /mm	最大壁厚 /mm	内孔椭圆度/%	壁厚差 /mm
8	45.06	45.79	26.54	27.39	9.06	9.22	3.16	0.16
10	44.85	45.88	26.32	27.35	9.21	9.41	3.81	0.20
12	44.51	46.72	25.88	27.46	9.26	9.48	5.85	0.22
14	44.42	46.75	25.93	27.94	9.14	9.41	7.44	0.27
16	44.43	46.83	25.68	28.52	9.05	9.37	10.52	0.32

从表 5 - 2 中可以看出，随着送进角的增大，毛管内孔椭圆度成增加趋势。特别是当送进角从 10°增加到 12°时，毛管的内孔椭圆度显著增加。这是由于轧件轴向速度上升，螺距增大，半转的单位压下量加大，轧制压力增加，使得金属的横向变形强烈，加上尾部刚端的消失，使横向变形加深。因此，在二辊斜轧机上毛管内孔椭圆度随着送进角的增加而增大，当送进角过大时，不能保证轧制质量和毛管的均圆孔径。

参考图 5 - 24 提取轴向断面内毛管外径和内径值各 100 个，分别计算不同送进角下毛管外径和内径尺寸的标准偏差值，得到顶头前伸量对毛管尺寸精度的影响，如图 5 - 36 所示。图 5 - 36(a)为不同送进角时毛管外径尺寸的标准偏差值，图 5 - 36(b)为不同送进角时毛管内径尺寸的标准值。标准偏差值小，表征数据集的离散程度小，即毛管的尺寸精度高。从图 5 - 36 中可以看出，当送进角从 8°增加到 10°时，标准偏差值较小，毛管的尺寸精度变化不大。当送进角从 10°增加到 16°时，外径和内径尺寸的标准偏差值均显著增加，即毛管的尺寸精度降低。因此，通过大幅度增加送进角来提高轧制速度的方法不可行。

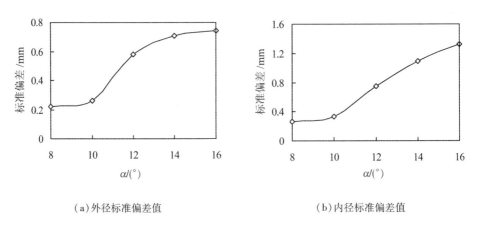

(a)外径标准偏差值　　　　　　　　　　　　(b)内径标准偏差值

图 5 - 36　送进角对毛管尺寸精度的影响

第6章　钎钢三辊斜轧减径过程数值计算分析

减径过程是钎钢成形的第二道变形工序。由于阿塞尔轧机三辊斜轧减径过程中轧辊轴线与轧制线成送进角和辗轧角，其变形过程存在复杂的几何非线性和物理非线性。本章深入分析变形区金属流动、速度、螺距和作用力。将有限元模型计算出的轧制力和轧制速度与工厂数据值进行对比，验证减径有限元模型的有效性。应用坐标变换法建立减径变形区的孔型开度值数学模型，通过孔型开度仿真值、理论值和试件实测值的对比验证数学模型的有效性。然后，建立不同送进角减径过程三维仿真模型，分析减径送进角对荒管尺寸精度和微观组织演变的影响规律。最后仿真分析带芯棒轧制对荒管尺寸精度和粒晶尺寸的影响。

6.1　三辊斜轧减径变形区金属流动分析

工艺是将经穿孔机穿孔的毛管减径。毛管在3个轧辊包容的区域内变形。毛管在变形区内螺旋前进，在连续运动的过程中减径。

通常将整个三辊斜轧减径变形区分为4个区域：轧入段Ⅰ、辊肩段Ⅱ、精整段Ⅲ和轧出段Ⅳ，如图6-1所示。在有限元仿真计算结果中截取区段出口断面图，如图6-2所示。分析三辊斜轧减径过程金属流动规律，并与有限元仿真结果对比如下。

①轧入段。毛管在入口锥被轧辊咬入后旋转前进，进行空心减径，如图6-1(a)所示。在轧入段出口，轧件减径的同时壁厚略有增加，这是由于内表面为自由表面，金属变形遵循最小阻力定律朝着中心方向流动。变形区轧入段出口断面图 FEM 仿真结果如图6-2(a)所示，断面的尺寸：平均外径为36.62 mm，平均内径为16.61 mm，平均壁厚为10.13 mm。

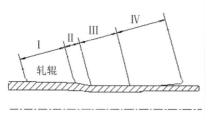

(a)变形区示意图　　　　　　　　(b)变形区仿真结果

图6-1　三辊斜轧变形示意图与仿真结果

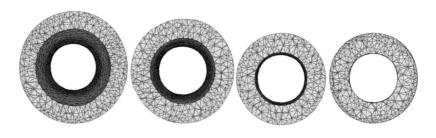

(a)轧入段出口　　　(b)辊肩段出口　　　(c)精整段出口　　　(d)轧出段出口

图6-2　变形区分段出口断面图

② 辊肩段。毛管在轧辊台肩处 y 轴进行较大的外径压下, y 轴方向很短的接触区段将巨大的减径力转化为轴向延伸,如图6-1(a)中所示。图6-2(b)为辊肩段出口断面图。管坯在辊肩段出口断面尺寸:平均外径为34.13 mm,平均内径为14.32 mm,平均壁厚为9.94 mm。

③ 精整段。轧辊辊面之间形成一个等径缝隙,管壁在此段螺旋辗轧2~3次后得到壁厚均匀、表面光滑的荒管,如图6-1(a)中Ⅲ段所示。图6-2(c)为精整段出口断面图。管坯在精整段出口断面尺寸:平均外径为30.42 mm,平均内径为11.26 mm,平均壁厚为9.61 mm。

④ 轧出段。此段将经过辗轧的荒管归为圆形,正确的孔型设计和参数选择将保证在变形时不产生扭曲和良好的产品质量,如图6-1(a)中Ⅳ段所示。图6-2(d)为轧出段出口断面图。管坯在轧出段出口断面尺寸:平均外径为29.05 mm,平均内径为9.97 mm,平均壁厚为9.50 mm。

6.2　减径有限元模型的验证

6.2.1　孔型开度及轧件速度

由于送进角和辗轧角的存在，三辊斜轧减径过程中轧辊和轧件空间几何关系复杂。本节首先分别建立轧辊和轧件两套参考坐标系，根据斜轧过程中辊管共轭关系，利用变量代换方法导出变形区孔型开度的理论计算式。然后，利用空间啮合理论有关共轭曲面在空间啮合的第 3 个共轭条件，运用斜轧几何学中推导出的空间坐标变换关系式，由轧辊表面的运动，求与其共轭的轧件表面的运动，建立起斜轧空间的三维速度场的数学模型。通过对轧件速度场的理论计算值与仿真结果的对比分析，验证三辊斜轧减径过程三维刚塑性有限元仿真模型的准确性。

6.2.1.1　斜轧空间坐标变换方程

由于三辊斜轧减径过程中，轧辊轴线与轧制线同时拥有送进角和辗轧角两个空间角度，斜轧空间的位置及速度用矢量分析才能求解。

斜轧过程具有共轭运动的特点。在斜轧减径过程中，轧辊与轧件始终保持接触，形成一种成对的接触传动。轧件在变形区的表面由轧件与轧辊辊形曲面的共轭运动形成。建立轧件坐标系和轧辊坐标系，应用正交变换刚体运动理论，通过两坐标系间的坐标变换，即可实现对轧件变形区形状及其运动速度的分析。

（1）坐标变换前提条件

坐标变换前提条件有以下 4 点：

① 三辊斜轧毛管变形区表面可看作毛管与轧辊接触线绕轧制线旋转 360° 形成的回转曲面。

② 3 个轧辊相对轧制线的空间位置相同，可取其中一个轧辊建立坐标系。

③ 由阿塞尔轧管机的辊形可知，斜轧变形区的孔型是由几个圆锥体组合而成的，因此可只取一个锥体进行研究，其解析所得结论适用于变形的各个部分。以下取入口锥进行分析研究。

④ 斜轧机在轧制中轧制线和轧机中心线重合，即垂直方向轧制线位移量 $q=0$；轧辊腰部沿轧制线方向位移量 $k=0$。

（2）轧件坐标系

将轧制线定为 y 轴，轧件前进方向为 y 轴正向。将水平面定为 xoy 面，则 x 轴在水平面内垂直于轧制线方向并交轧制线为原点 o。z 轴垂直于 xoy 面并符合右手定则。轧件变形区表面可看成辊管接触线绕 y 轴旋转形成的回转曲面。如图 6 - 3 所示，图中只取入口锥做坐标分析。

（3）轧辊工作坐标系

假想轧辊轴线原来与轧制线重合，轧辊辊身中点与轧件坐标原点重合。轧辊经调整到达正常工作位置。在假想的初始情况下，轧辊坐标系与轧件坐标系一致。轧辊调整到正常工作位置时，可以看成 $oxyz$ 坐标系绕 z 轴转送进角 α，沿 z 轴平移 p 后绕 x 轴转辗轧角 β，得到的新位置，形成轧辊坐标系 $OXYZ$，如图 6 - 3 所示。

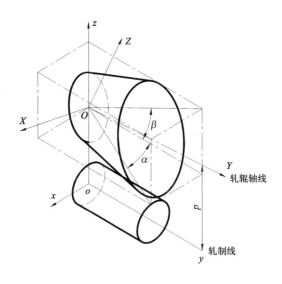

图 6 - 3 斜轧坐标系空间几何关系图

预先给定轧辊辊形方程，通过坐标变换，可求得满足共轭条件的绕 y 轴回转的变形区表面，即孔型开度。孔型开度计算对确定轧机调整参数，进行受力和变形分析有重要意义。以上问题也就是已知轧辊某段锥面在 $OXYZ$ 坐标系的方程，坐标变换为锥面在 $oxyz$ 坐标系内的方程，求该方程中给定横坐标值点到 x 轴的最短距离。

（4）坐标变换

根据空间坐标转换关系式，变形区或轧辊任意点从 $OXYZ$ 坐标系转换到 $oxyz$ 坐标系的坐标变换公式为

$$\begin{cases} x = -Y\cos\beta\sin\alpha + Z\sin\beta\sin\alpha + X\cos\alpha \\ y = Y\cos\beta\cos\alpha - Z\sin\beta\cos\alpha + X\sin\alpha \\ z = Y\sin\beta + Z\cos\beta - p \end{cases} \quad (6-1)$$

反之，从 $oxyz$ 坐标系变换到 $OXYZ$ 坐标系时，o 与 $OXYZ$ 坐标系中各轴的距离为 h，i，j，则变换公式为

$$\begin{cases} X = x\cos\alpha + y\sin\alpha - j \\ Y = -x\sin\alpha\cos\beta + y\cos\alpha\cos\beta + z\sin\beta + h \\ Z = x\sin\alpha\sin\beta - y\cos\alpha\sin\beta + z\cos\beta + i \end{cases} \quad (6-2)$$

$$\begin{cases} h = p\sin\beta \\ i = p\cos\beta \\ j = 0 \end{cases} \quad (6-3)$$

轧辊轴线在 $OXYZ$ 坐标系中的方程为

$$\begin{cases} X = 0 \\ Z = 0 \end{cases} \quad (6-4)$$

经坐标变换，轧辊轴线在 $oxyz$ 坐标系中的方程为

$$\begin{cases} x = -Y\cos\beta\sin\alpha \\ y = Y\cos\beta\cos\alpha \\ z = Y\sin\beta - p \end{cases} \quad (6-5)$$

6.2.1.2　孔型开度值

三辊斜轧减径机的孔型是由 3 个轧辊形成的空间。轧件在变形区的形状是以轧辊和轧件接触线为母线，绕轧制线旋转形成的圆锥体组合。轧制线与轧辊表面之间的最短距离称为孔型开度值 r。

孔型开度值 r 的计算可归结为确定从轧制线到辊管接触面的最短距离。由空间几何位置关系可知，轧制线与轧辊表面之间的最短距离点就是轧辊与轧件接触面的共轭点，最短距离点处于轧入点与轧出点之间。共轭点到轧制线的距离就是孔型的开度值 r。

孔型开度值公式的推导是利用坐标变换手段根据辊管区共轭关系获得关于 x，z 的四次方程，并应用变量代换方法求得 x_i，z_i 的值。孔型开度值计算的已知参数为轧辊几何尺寸和轧机调整参数。几何尺寸即辊面锥角 γ，辊腰半径 D_{m3}，辊身长度 L；轧机调整参数即送进角 α，辗轧角 β，轧辊轴到轧机中心距离 q 和轧辊偏移量 p，k。

孔型开度值推导过程如下。

(1)轧辊表面方程

由若干段圆锥体组成的辊面，可看成以锥体子午线为母线绕轧辊轴线旋转而成，将母线近似看成折直线。

轧辊入口锥母线为

$$Z = \tan\gamma_1 Y - \frac{D_{m3}}{2} \qquad -L_1 \leqslant Y \leqslant 0 \qquad (6-6)$$

轧辊辗轧锥母线为

$$Z = -\tan\gamma_2 Y - \frac{D_{m3}}{2} \qquad 0 < Y \leqslant L_2 \qquad (6-7)$$

轧辊出口锥母线为

$$Z = -\tan\gamma_3 Y - \tan\gamma_2 L_2 - \frac{D_{m3}}{2} \qquad L_2 < Y \leqslant L_2 + L_3 \qquad (6-8)$$

轧辊在 XOZ 面上的截面投影为一圆形，方程为

$$F = X^2 + Z^2 - R^2 = 0 \qquad (6-9)$$

(2)孔型开度值

在 $oxyz$ 坐标系中取 $y = y_i = C$，得到与 y 轴垂直的平面，轧件被该面截取后在 xoz 面上的投影是外半径为 r 的圆环，r 就是 y_i 点轧制线到辊面的最短距离，也就是在 y_i 处的孔型开度值。而轧辊被该面截取后在 xoz 面上的投影是椭圆，如图 6-4 所示。

轧件在变形区的截圆外圆的方程为

$$\begin{cases} x^2 + z^2 = r^2 \\ f = x^2 + z^2 - r^2 = 0 \end{cases} \qquad (6-10)$$

该圆与轧辊在 y_i 处相切于共轭接触点 $M_i(x_i, y_i, z_i)$。在 $oxyz$ 坐标系内，通过切点 M_i 的切线方程对变形区截圆为

$$f'_x(x - x_i) + f'_z(z - z_i) = 0 \qquad (6-11)$$

管坯在 M_i 点处的切线斜率为

$$K_1 = \frac{x - x_i}{z - z_i} = -\frac{f'_z}{f'_x} = -\frac{z}{x} \qquad (6-12)$$

轧辊在 xoz 面上的椭圆截面过共轭点 M 的切线方程为

$$F'_z(z - z_i) + F'_x(x - x_i) = 0 \qquad (6-13)$$

轧辊在 M_i 点处的切线斜率为

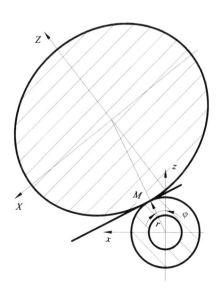

图 6 - 4　*xoz* 截面上轧辊与孔型断面图

$$K_2 = \frac{x - x_i}{z - z_i} = -\frac{F'_z}{F'_x} \tag{6 - 14}$$

显然 $K_1 = K_2$，则

$$\frac{z}{x} = \frac{F'_z}{F'_x} \tag{6 - 15}$$

其中，f'_x 和 f'_z 为函数 f 对 x 和 z 的偏导数，F'_x 和 F'_z 为函数 F 对 x 和 z 的偏导数，由于 x，y，z 是 X，Y，Z 的函数，辊径 $R = F(Y)$，因此，由式（6 - 9）得

$$\begin{cases} F'_x = 2 \times \left(X \dfrac{\partial X}{\partial x} + Z \dfrac{\partial Z}{\partial x} - R \dfrac{\partial R}{\partial Y} \times \dfrac{\partial Y}{\partial x} \right) \\ F'_z = 2 \times \left(Z \dfrac{\partial Z}{\partial z} + X \dfrac{\partial X}{\partial z} - R \dfrac{\partial R}{\partial Y} \times \dfrac{\partial Y}{\partial z} \right) \end{cases} \tag{6 - 16}$$

式（6 - 16）中各偏导数可由式（6 - 2）求得：

$$\begin{cases} \dfrac{\partial X}{\partial x} = \cos\alpha, & \dfrac{\partial Y}{\partial x} = -\sin\alpha\cos\beta, & \dfrac{\partial Z}{\partial x} = \sin\alpha\sin\beta \\ \dfrac{\partial X}{\partial z} = 0, & \dfrac{\partial Y}{\partial z} = \sin\beta, & \dfrac{\partial Z}{\partial z} = \cos\beta \end{cases} \tag{6 - 17}$$

式（6 - 16）中的 $\dfrac{\partial R}{\partial Y}$ 由轧辊几何关系可得

$$\frac{\partial R}{\partial Y} = \tan\gamma \tag{6 - 18}$$

式中，γ ——轧辊辊面锥角。

以 Y, x, z 代换 y, X, Z, 由式(6-2)可得

$$\begin{cases} y = \dfrac{Y - h - z\sin\beta + x\sin\alpha\cos\beta}{\cos\alpha\cos\beta} \\[2mm] X = (Y - h)\dfrac{\tan\alpha}{\cos\beta} - z\tan\alpha\tan\beta + \dfrac{x}{\cos\alpha} - j \\[2mm] Z = -(Y - h)\tan\beta + \dfrac{z}{\cos\beta} + i \end{cases} \quad (6-19)$$

将式(6-17)、式(6-18)与式(6-19)代入式(6-16)，整理得

$$\begin{cases} F'_x = 2 \times \left[(Y - h + R\tan\varphi)\sin\alpha\cos\beta + x + i\sin\alpha\sin\beta - j\cos\alpha \right] \\[2mm] F'_z = 2 \times \left[-(Y - h + R\tan\varphi)\sin\beta + z + i\cos\beta \right] \end{cases}$$

$$(6-20)$$

由图6-4可知，通过共轭点 M 的半径 r 与 z 轴的夹角为 φ，所以有

$$x = z\tan\varphi \quad (6-21)$$

由 $K_1 = K_2$ 的关系式(6-15)及式(6-21)可得

$$\tan\varphi = \frac{F'_x}{F'_z} = \frac{(Y - h + R\tan\varphi)\sin\alpha\cos\beta + z\tan\varphi + i\sin\alpha\sin\beta - j\cos\alpha}{-(Y - h + R\tan\varphi)\sin\beta + z + i\cos\beta}$$

$$(6-22)$$

将式(6-19)的 X 和 Z 代入式(6-9)，得到用变量 Y, x, z 表示的轧辊截圆方程：

$$\left[-(Y - h)\tan\beta + \frac{z}{\cos\beta} + i \right]^2 + \left[(Y - h)\frac{\tan\alpha}{\cos\beta} - z\tan\alpha\tan\beta + \frac{x}{\cos\alpha} - j \right]^2 = R^2$$

$$(6-23)$$

将式(6-23)中的 x 用关系式(6-21)代入，可得

$$\left\{ \left[i - (Y - h)\tan\beta \right] + \frac{1}{\cos\beta}z \right\}^2 +$$

$$\left\{ \left[(Y - h)\frac{\tan\alpha}{\cos\beta} - j \right] + \left(\frac{\tan\varphi}{\cos\alpha} - \tan\alpha\tan\beta \right)z \right\}^2 = R^2 \quad (6-24)$$

式(6-24)是一个关于 z 的二次方程，解得

$$z = \frac{-(AB + CD) \pm \sqrt{(A^2 + C^2)R^2 - (AD - CB)^2}}{A^2 + C^2} \quad (6-25)$$

$$\begin{cases} A = \dfrac{1}{\cos\beta} \\[2mm] B = i - (Y - h)\tan\beta \\[2mm] C = \dfrac{\tan\varphi}{\cos\alpha} - \tan\alpha\tan\beta \\[2mm] D = (Y - h)\dfrac{\tan\alpha}{\cos\beta} - j \end{cases} \qquad (6-26)$$

由于式(6-25)的根号前负号对应的 x_i 值不是共轭点所在值,故只取正号。将式(6-22)代入式(6-11),可导出共轭点 M_i 处的孔型开度值

$$r = \sqrt{x^2 + z^2} = z\sqrt{1 + \tan^2\varphi} \qquad (6-27)$$

综上,根据辊管共轭关系,应用坐标变换法及变量代换法,在给定轧辊几何尺寸和轧机调整参数并选定 Y_i 后,即可由式(6-25)求出 z_i,再由式(6-21)求出 x_i,并由式(6-27)求出 x_i 点处的孔型开度值 r_i。编写程序计算 xoz 截面内变形区的孔型开度值。孔型开度值随变形区内 y 坐标值的变化情况如图 6-5中星号所示。图中横坐标"0"点为孔喉位置。管坯的出口尺寸为 $\Phi28.66\ \mathrm{mm}$,变形区长度为 70 mm。以同样的工艺参数进行三维有限元仿真。在仿真计算结果中,在 xoz 截面提取变形区内管坯上表面各点的 z 坐标值,即管坯的最小半径,得到变形区内管坯的半径的变化。变形区接触长度为 70 mm,管坯的出口尺寸为 $\Phi28.54\ \mathrm{mm}$。图 6-5 表明管坯半径沿变形区长度上的变化趋势仿真值与孔型开度值的理论值相符合。

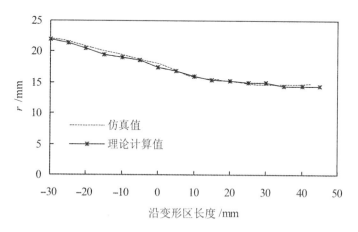

图 6-5 孔型开度值曲线

6.2.1.3 轧辊的速度场

斜轧过程是轧辊与毛管之间相互作用、相互制约的过程。斜轧运动学研究轧辊与轧件的运动参量，即轧辊与轧件的各种速度分量及它们之间的相互关系。速度场计算的目的是分析主要工艺参数对轧件金属流动速度的影响，进而分析产品尺寸精度。

轧辊的角速度 ω_r 是一定的，但在变形区内辊管接触面上任意一点的线速度还与轧辊在空间所处位置、辊形尺寸及所研究点的坐标位置有关。因此，求解辊面上任意点的速度时，还必须配合有关几何关系方程才可求解。拟采用斜轧空间坐标变换关系式，根据辊管的共轭关系，由轧辊表面的共轭运动求轧件表面的共轭运动，建立斜轧空间三维速度场。

(1) (X, Y, Z) 坐标系内轧辊辊面 M 点的速度分解计算

设轧辊的角速度为 ω_r，轧辊表面任意共轭点 M 的径向矢量为 $\boldsymbol{R}$。根据刚体运动学原理，在 (X, Y, Z) 坐标系里，轧辊在 M 点的速度矢量为

$$\boldsymbol{W} = \omega_r \times \boldsymbol{R} = \frac{\pi n_r}{30} \times \boldsymbol{R}$$

$$\boldsymbol{W} = (W_X, W_Y, W_Z) = W_X i + W_Y j + W_Z k \qquad (6-28)$$

图 6-6 是轧辊和轧件在轧辊坐标系 XOZ 平面内的截面图，由于送进角和辗轧角的存在，轧件的截面图形为椭圆环。辊面上任意一点轧辊的 3 个速度分量分别为

$$\begin{cases} W_X = \omega_r R \sin\omega \\ W_Y = 0 \\ W_Z = -\omega_r R \cos\omega \end{cases} \qquad (6-29)$$

式中，ω_r——轧辊角速度，rad/s；

$\quad n_r$——轧辊转速度，r/min；

$\quad R$——所求接触点处轧辊的半径，mm；

$\quad \omega$——由辊管接触点所作半径 R 与 X 轴的夹角，(°)。

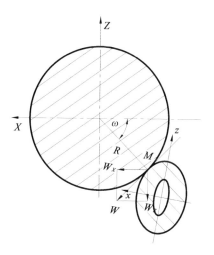
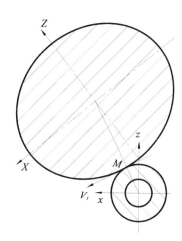

图 6 - 6　*XOZ* 面内任意点 *M* 的速度分解　　**图 6 - 7　*xoz* 面内任意点 *M* 的速度分解**

（2）(x, y, z) 坐标系内轧辊辊面 M 点的速度分解计算

如图 6 - 7 所示，采用矢量的坐标变换公式计算在 (x, y, z) 坐标系内轧辊辊面 M 点的速度分解，由 (x, y, z) 坐标系表示的轧辊速度矢量，可以用表示轧辊速度矢量 W 的 (X, Y, Z) 坐标系来表达。

$$W = (W_X, W_Y, W_Z) = W_x i + W_y j + W_z k = W_x i_1 + W_y j_1 + W_z k_1$$

$$(6 - 30)$$

在坐标系 (x, y, z) 里，轧件的各向分速度 W_x，W_y，W_z 分别为

$$W_x = \frac{\frac{\partial X}{\partial x} W_X}{\sqrt{\left(\frac{\partial X}{\partial x}\right)^2 + \left(\frac{\partial X}{\partial y}\right)^2 + \left(\frac{\partial X}{\partial z}\right)^2}} + \frac{\frac{\partial Y}{\partial x} W_Y}{\sqrt{\left(\frac{\partial Y}{\partial x}\right)^2 + \left(\frac{\partial Y}{\partial y}\right)^2 + \left(\frac{\partial Y}{\partial z}\right)^2}} +$$

$$\frac{\frac{\partial Z}{\partial x} W_Z}{\sqrt{\left(\frac{\partial Z}{\partial x}\right)^2 + \left(\frac{\partial Z}{\partial y}\right)^2 + \left(\frac{\partial Z}{\partial z}\right)^2}}$$

$$W_y = \frac{\frac{\partial X}{\partial y} W_X}{\sqrt{\left(\frac{\partial X}{\partial x}\right)^2 + \left(\frac{\partial X}{\partial y}\right)^2 + \left(\frac{\partial X}{\partial z}\right)^2}} + \frac{\frac{\partial Y}{\partial y} W_Y}{\sqrt{\left(\frac{\partial Y}{\partial x}\right)^2 + \left(\frac{\partial Y}{\partial y}\right)^2 + \left(\frac{\partial Y}{\partial z}\right)^2}} +$$

$$\frac{\frac{\partial Z}{\partial y} W_Z}{\sqrt{\left(\frac{\partial Z}{\partial x}\right)^2 + \left(\frac{\partial Z}{\partial y}\right)^2 + \left(\frac{\partial Z}{\partial z}\right)^2}}$$

$$W_z = \frac{\dfrac{\partial X}{\partial z}W_X}{\sqrt{\left(\dfrac{\partial X}{\partial x}\right)^2 + \left(\dfrac{\partial X}{\partial y}\right)^2 + \left(\dfrac{\partial X}{\partial z}\right)^2}} + \frac{\dfrac{\partial Y}{\partial z}W_Y}{\sqrt{\left(\dfrac{\partial Y}{\partial x}\right)^2 + \left(\dfrac{\partial Y}{\partial y}\right)^2 + \left(\dfrac{\partial Y}{\partial z}\right)^2}} +$$

$$\frac{\dfrac{\partial Z}{\partial z}W_z}{\sqrt{\left(\dfrac{\partial Z}{\partial x}\right)^2 + \left(\dfrac{\partial Z}{\partial y}\right)^2 + \left(\dfrac{\partial Z}{\partial z}\right)^2}} \tag{6-31}$$

式(6-31)中的各偏导数由式(6-2)求导后代入,整理后得到轧辊表面上任意与轧件接触点 M 的 3 个速度分量分别为

$$\begin{cases} W_x = \omega_r R(\sin\alpha\sin\beta\sin\omega + \cos\alpha\cos\omega) \\ W_y = \omega_r R(\cos\alpha\sin\beta\sin\omega - \sin\alpha\cos\omega) \\ W_z = -\omega_r R\cos\beta\sin\omega \end{cases} \tag{6-32}$$

式中,W_y——轧件坐标系 $oxyz$ 中轧辊上任意一点的轴向流动速度;

W_x——x 向速度。

6.2.1.4 轧件轴滑移系数的经验公式计算

如果轧件在轧辊的孔型中没有滑动,轧件的理论轴向速度将与轧辊表面相应点处相同。但实际上金属从开始咬入到变形区最窄的孔喉这一段,随着轧件的前进,其断面面积越来越小,金属流动的速度越来越快,轧件在入口和出口处的前进速度将显著不同。因此,轧件和轧辊表面之间不可避免地要产生滑移,则金属实际流动速度 V 的轴向速度分量

$$V_y = \eta_D W_y \tag{6-33}$$

式中,η_D——任意断面上的轴向滑移系数。

轴向滑移系数 η_D 是一个变量。轧辊与轧件接触面间的摩擦系数、轧制速度、温度、轧辊与管坯的形状尺寸和送进角大小等因素都对轴向滑移系数有所影响。

由于影响因素复杂,理论估算 η_D 是极其困难的,对于三辊轧管机出口断面轴向滑移系数 η_{0u} 的经验公式为

$$\eta_{0u} = 0.9\left(\ln\alpha + 0.05\frac{d_0}{d_p}\varepsilon_0\right)f\sqrt{n} \tag{6-34}$$

式中,d_0——毛管外径,mm;

d_p——芯棒的外径,mm;

f——摩擦系数;

α——送进角，($°$)；

n——轧辊个数；

ε_0——辊肩前毛管的径向压下量，mm。

6.2.1.5 轴向速度的理论计算值与仿真结果对比

根据式(6-32)，应用 MATLAB 软件编写出计算轧件理论轴向流动速度及接触点在钢管圆周方向的理论切向速度的子程序。取 M 点的 y 坐标值 $-30 \sim 50$ 等间距分为 13 个点，x 坐标为对应理论计算的孔型开度值。计算变形区内轧辊的轴向速度 W_y，如图 6-8 中实线所示。辊管接触点处轧辊的轴向速度 W_y 沿变形区长度上逐渐增大。

在有限元仿真计算结果中，从咬入点开始在 yoz 截面内沿辊管接触线的上边界取 13 个点，得到管坯各点的轴向速度 V_y 沿变形区长度上的变化曲线，如图 6-8 虚线所示。V_y 沿变形区长度上整体上逐渐增大。V_y 在辊肩段出现波动，是由于轧辊台肩处进行较大的外径压下，巨大的减径力被纵轴方向很短的接触区段转化为轴向延伸。出口处的轴向速度为 160 mm/s。同时，从图 6-8 中管坯的轴向速度变化曲线可以看出，在横坐标"0"点附近，即变形区辊肩段，管坯的轴向速度出现较大的提高，这是由于辊肩段为主要延伸变形区。管坯的轴向速度变化规律与金属变形分析理论一致。

根据式(6-33)得到轴向滑移系数沿变形区长度的变化趋势如图 6-9 所示。根据式(6-34)计算得到相同工艺参数下，轧件出口处的轴向滑移系数 $\eta_{0u} = 0.72$，三维有限元仿真数据计算得到轧件出口处的轴向滑移系数为 0.7023。仿真分析结果与理论分析结果相符合。

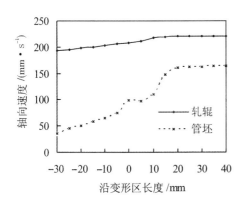

图 6-8 轧辊的轴向速度曲线

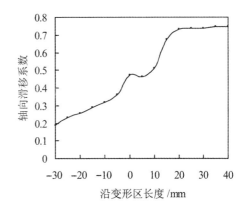

图 6-9 轴向滑移系数沿变形区的分布

6.2.1.6 轧件的切向速度及切向滑移

轧件的切向速度分量

$$V_t = W_t = \eta_t \frac{\pi D n_r}{60} \cos\alpha \qquad (6-35)$$

根据式(6-35),应用 MATLAB 软件编写计算轧辊理论切向速度子程序。取 M 点的 y 坐标值 $-30 \sim 40$ 等间距分为 13 个点,计算变形区内轧辊的切向速度 W_t,如图 6-9 中实线所示。

通过三维刚塑性有限元仿真,得到管坯切向速度随变形区长度变化的曲线,如图 6-10 中虚线所示,切向滑移系数随变形区长度的变化曲线如图 6-11 所示。从图中可以看出,沿变形区长度上大部分切向滑移系数小于 1。管坯出口处的切向滑移系数为 0.86。

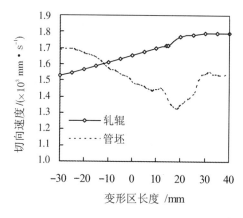

图 6-10 轧辊的切向速度曲线

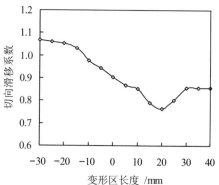

图 6-11 切向滑移系数沿变形区的分布

6.2.2 3 轧件的螺距

由于轧件在斜轧减径变形区中做螺旋前进运动,轧件上某一点从与某一轧辊接触到与另一轧辊接触时间内,轧件的轴向位移称为螺距。将金属的平均轴向流动速度乘以管坯转 1/3 周所需时间 τ,则得在任意断面上的 1/3 转送进距离,即螺距:

$$s = V_y \tau \qquad (6-36)$$

不计管坯在变形区内的扭转,管坯转 1/3 周所需的时间

$$\tau = \frac{60}{3 n_m} \qquad (6-37)$$

式中，n_m——管坯的转速，r/s。

由于管坯的切向速度

$$V_t = \frac{d}{2} \times \pi n_m = \eta_t W_t = \eta_t \frac{\pi D n_r}{60} \cos\alpha \quad\quad (6-38)$$

式中，n_r——轧辊的转速，r/min；

　　　D——轧辊直径，mm；

　　　d——管坯直径，mm。

解得

$$n_m = \frac{\eta_t D n_r \cos\alpha}{d} \quad\quad (6-39)$$

综上，得

$$s = \frac{20 V_y d}{n_r D \eta_t} \sin\alpha \qu\quad (6-40)$$

由式(6-40)可以看出，由于轧件的轴向速度和轧辊的直径沿变形区是可变量，螺距在变形区中是变化的，随着轧件进入变形区的程度增加而增大，这是由于轧件断面面积不断减小而轴向流动速度不断增加。由式(6-40)计算可得管坯入口处螺距为 1.3 mm，出口处螺距为 3.71 mm。

图 6-12 所示为 FEM 仿真结果中提取的螺距值在变形区分布情况，可见在变形区中沿管坯前进方向的螺距逐渐增大。由仿真结果得到，管坯入口处的螺距为 0.983 mm，出口处的螺距为 4.0325 mm。仿真结果与理论分析结果相符合。

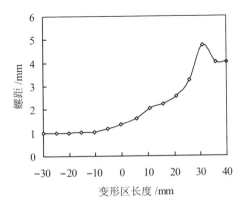

图 6-12　螺距随变形区长度的变化值

6.2.3 作用力

6.2.3.1 接触面积的计算

较为精确地确定斜轧减径机的力能参数，是生产和轧机设计中的重要问题。首先应用典型经验公式计算轧制力，然后采用三维刚塑性有限元仿真计算轧制力，最后将理论计算结果与仿真计算结果进行比较分析。

计算总轧制力前，首先要计算轧辊与轧件间的接触面积。减径时沿变形区长度上，接触表面的宽度是变化的。在计算接触面积时，需将变形区长度分为若干等份，在每一小段内将接触面积近似地看成一梯形，总的接触面积为各梯形面积之和：

$$F = \sum \frac{b_i + b_{i+1}}{2} \Delta l \qquad (6-41)$$

式中，b_i，b_{i+1}——在等分点 i 及 $(i+1)$ 上的接触宽度。

变形区的长度为入口断面到出口断面的距离。如果不考虑送进角，变形区长度的估算公式如式(6-42)所示。由前述孔型开度值的计算可知，变形区的长度为 70 mm。

$$l = \frac{d_0 - d_{H1}}{2\tan\gamma_1}\cos\beta + L_2 + \frac{d_1 - d_{H2}}{2\tan\gamma_2}\cos\beta \qquad (6-42)$$

式中，d_0——入口断面的毛管直径，mm；

d_1——出口断面的毛管直径，mm；

d_{H1}——前轧肩处轧辊之间的最小距离，mm；

d_{H2}——后轧肩处轧辊之间的最小距离，mm；

L_2——辊肩宽度，mm；

β——辗轧角，(°)。

任意断面的接触面宽度 b 可根据该断面上的轧辊半径 R、径向压下量 Δr 及管坯的轧前半径 r_e 确定，表达式为

$$\Delta r = R - \sqrt{R^2 - b^2} - r_e - \sqrt{r_e^2 - b} = R\left[1 - \sqrt{1 - \left(\frac{b}{R}\right)^2}\right] + r_e\left[1 - \sqrt{1 - \left(\frac{b}{r_e}\right)^2}\right]$$

$$(6-43)$$

由于比值 $\dfrac{b}{R}$ 及 $\dfrac{b}{r_e}$ 远小于 1，式(6-43)的根号项可展开成麦克劳林级数，取展开式的前两项后得

$$\sqrt{1 - \left(\frac{b}{R}\right)^2} \approx 1 - \frac{1}{2}\left(\frac{b}{R}\right)^2$$

$$\sqrt{1 - \left(\frac{b}{r_e}\right)^2} \approx 1 - \frac{1}{2}\left(\frac{b}{r_e}\right)^2$$

代入式(6-43),整理后得

$$b = \sqrt{\frac{\Delta r d + \Delta r^2}{1 + \frac{2d}{R} + \frac{\Delta r}{R}}} \qquad (6-44)$$

将式(6-44)和式(6-42)的计算结果带入式(6-41),可得到本工艺参数下三辊斜轧减径机的单个辊与管坯的接触面积为 210.399 mm²。

6.2.3.2　轧制力的计算

轧制力

$$P = Fp \qquad (6-45)$$

式中,P——轧制力,kN;

p——平均单位压力,MPa。

由于斜轧延伸过程中存在着复杂的变形状态和应力状态,因此在理论上建立单位压力数学方程是比较困难的,现多根据实测数据找出经验公式,平均单位压力可用式(6-46)估算:

$$p = K\sigma_s \qquad (6-46)$$

式中,K——实验系数,一般取 $K = 0.85 \sim 1.0$;

σ_s——屈服强度,MPa。

将式(6-46)和式(6-41)的计算结果代入式(6-45),得到经验公式估算的单个轧辊轧制力为 27.3 kN。由于式(6-44)求解单个轧辊与轧件的接触面积时,没有考虑轧件局部弹性压缩引起的实际的径向压下量增大,接触面积计算值一般都比实际值低,所以估算的轧制力也低于实际值。

在有限元仿真计算结果中导出上轧辊的 Z 向轧制力变化趋势,如图6-13所示。

从图6-13中可以看出,管坯从 1.8 s 开始进入稳定轧制阶段,稳定轧制阶段的平均轧制力为 30.3 kN。轧制力的仿真结果比计算结果高 10%。仿真结果与计算结果基本相符合,验证了有限元模型的准确性。

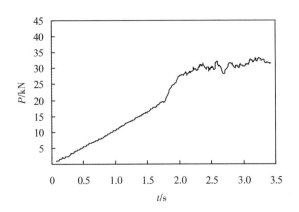

图 6 - 13　轧制力曲线

6.3　三辊斜轧减径变形及尺寸精度的影响因素分析

6.3.1　总体变形规律

当送进角为 7°时，在减径过程有限元仿真计算结果中提取荒管断面，如图 6 - 15 所示。测量得到荒管的出口断面尺寸：平均外径为 29.05 mm、平均内径为 9.97 mm，平均壁厚为 9.50 mm。

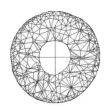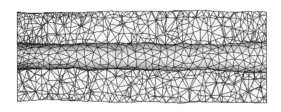

图 6 - 14　荒管的横向断面和轴向断面

在稳定轧制出口段，按照图 6 - 14 所示断面，沿 y 坐标以 1 mm 等间距量取荒管的 80 个内外径值，得到毛管的内外径尺寸轴向波动情况，如图 6 - 15 所示。

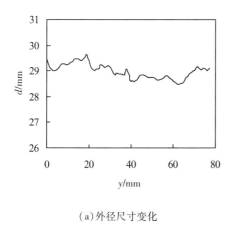

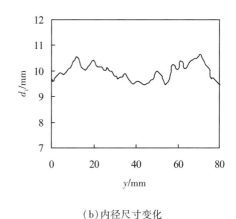

（a）外径尺寸变化　　　　　　　　　　　　　　（b）内径尺寸变化

图 6 – 15　毛管直径沿轴向的变化

由图 6 – 15(a)得，荒管外径的最大值为 29.71 mm，最小值为 28.49 mm，平均值为 29.05 mm，经数值计算荒管外径尺寸的极差值为 1.22 mm，标准偏差值为 0.32 mm。

由图 6 – 15(b)得，荒管内径的最大值为 10.64 mm，最小值为 9.46 mm，平均值为 9.97 mm，经数值计算荒管内径尺寸的极差值为 1.18 mm，标准偏差值为 0.32mm。标准偏差能反映数组相对于平均值的离散程度，因此荒管的内外径尺寸沿轴向变动量相同，同时相对穿孔后毛管的内外径尺寸标准差值有所增大。

对出口断面轧件的应力、应变、应变速率及温度分布云图进行分析，简述其变化规律，如图 6 – 16 所示。

图 6 – 16(a)所示为稳定轧制阶段轧件的等效应变分布云图。由于轧件外表面直接接触轧辊，其等效应变值明显大于内表面等效应变值。从轧件内表面到外表面，随着半径的增大，轧件的等效应变值呈增大趋势。

图 6 – 16(b)所示为稳定轧制阶段轧件的等效应变速率分布云图。从图中可以看出，与轧辊接触的轧件外表面区域等效应变速率较大，在 10 s^{-1} 以上。在辊管接触区从轧件的外表面到内表面，等效应变速率呈减小趋势，孔喉附近轧件内表面的等效应变速率在 1 s^{-1} 左右。由于轧辊在圆周方向上 120° 分布，图 6 – 16(b)所示纵断面图中，轧件下部表面的等效应变速率分布与轧件上部表面的等效应变速率分布明显不同。整个变形区最大等效应变速率值发生在孔喉处，为 71.5 s^{-1}。

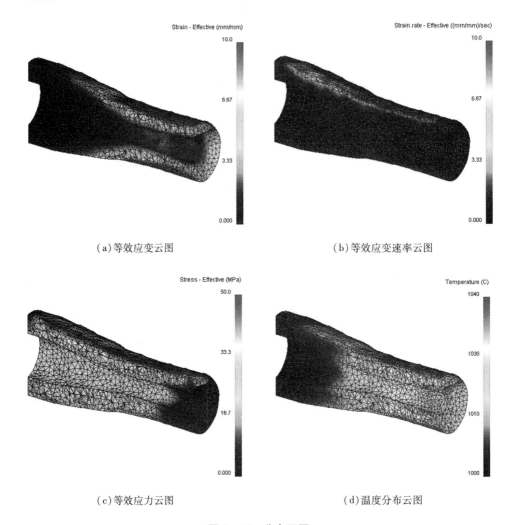

(a)等效应变云图　　　　　　　　　　(b)等效应变速率云图

(c)等效应力云图　　　　　　　　　　(d)温度分布云图

图 6 - 16　分布云图

图 6 - 16(c)所示为稳定轧制阶段轧件的等效应力分布云图。同图 6 - 16 (b)类似,等效应力最大值区域也分布在轧件与轧辊接触的区域内。轴向上, 孔喉附近等效应力较大,向两侧逐渐减小。周向上,辊管接触区域内等效应力 从外向内逐渐减小,辊管非接触区内外表面等效应力变化不大。整个变形区最 大等效应力值发生在孔喉右侧,其值为 74.3 MPa。

图 6 - 16(d)所示为稳定轧制阶段轧件出口断面的温度分布云图。随着半 径增大,温度略有升高。由于轧件的外表面直接与轧辊接触,有摩擦产生热量, 同时外表面的变形量大,变形产生的热量多,因此其温度偏高;而轧件内表面 没有与轧辊接触,且变形量小,其温度偏低。

6.3.2　送进角对轧制过程的影响

（1）送进角对变形区形状的影响

减径送进角改变，则变形区形状将产生变化，变形区的几何参数也随之改变。送进角对变形区的影响如图 6 - 17 所示。

图 6 - 17（a）所示为稳定轧制阶段平均变形区长度随不同送进角变化的曲线。由于毛管接触区是一个空间曲面，这个变形区长度量取的是轧件纵剖面内咬入点和轧出点间的距离。当送进角为 7°时，变形区长度为 69.76 mm。随着送进角增大，变形区长度明显缩短。当送进角为 11°时，变形区长度为42.53 mm，比 7°时的变形区长度缩短了 39%。

图 6 - 17（b）所示为稳定轧制阶段接触面积随不同送进角变化的曲线。图中各点为采用某一送进角轧制时，一个轧辊与轧件的接触面积。由图可见，金属与每个轧辊的平均接触面积在 270 mm² 左右波动，波动幅度在 5% 以内。平均接触面积随送进角的增加变化不大。送进角增大，变形区长度缩短，而金属与每个轧辊的平均接触面积没有明显变化，说明随着送进角的增大，金属与轧辊的接触宽度增加。变形区参数的改变，又将对受力状态与速度分布产生很大影响。

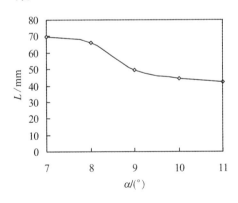

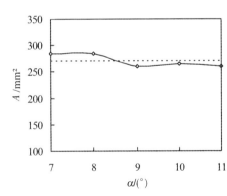

（a）送进角对变形区长度的影响　　　　　　（b）送进角对接触面积的影响

图 6 - 17　送进角对变形区的影响

（2）送进角对轧制速度的影响

仿真计算不同送进角下轧件的出口轴向速度和出口切向速度，如图 6 - 18 所示。

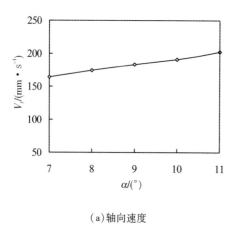

（a）轴向速度

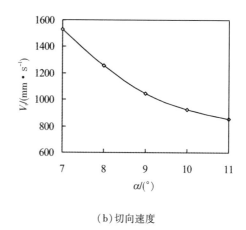

（b）切向速度

图 6 – 18　送进角对轧件速度的影响

由图 6 – 18（a）可见，随着送进角的增大，轧件的轴向速度增大。这是由于送进角增大，摩擦力水平分力增加，金属与轧辊间的滑动减少，道次通过能力增加，生产率显著提高。送进角的增大有助于提高轧辊的轴向速度，从而提高轧制效率。

由图 6 – 18（b）可见，随着送进角的增大，轧件的切向速度呈减小趋势。这主要是送进角增大使得轧辊切向速度分量减小引起的。在斜轧过程中，由于轧辊的圆周速度较大，轧件金属易于发生周向变形，而送进角的增大可以减小轧辊圆周速度，从而使轧件的周向变形减小，有利于轧件的轴向延伸变形。

（3）送进角对轧件等效应变的影响

在管坯出口横断面的内外表面，沿圆周方向分别取 20 个点，计算平均等效应变值，得到管坯内外表面的等效应变值随送进角的变化情况，如图 6 – 19 所示。随着送进角的增大，等效应变呈逐渐增长趋势，但是增长的幅度很小。当送进角由 7°增大到 11°时，外表面的等效应变由 12.26 增大到 14.20，内表面的等效应变则由 1.52 增大到 1.78。当送进角由 7°增大到 11°时，内外表面的等效应变值增长的幅度在 16% 左右。

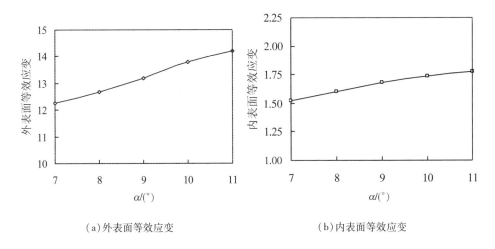

(a)外表面等效应变　　　　　　　　　　　(b)内表面等效应变

图 6 – 19　送进角对等效应变的影响

(4)送进角对轧件等效应变率的影响

分别取不同送进角轧制情况下，轧件孔喉横断面的等效应变率分布云图，如图 6 – 20 所示。从图中可以看出，随着送进角的增大，等效应变率最大值区域呈增加趋势。等效应变率由轧辊接触的外表面向内表面渗透，渗透区也随着送进角的增大而相应增加。其主要原因是随着送进角的增大，轧辊提供给轧件的轴向前进速度增大，因此，其等效应变速率逐渐增大。

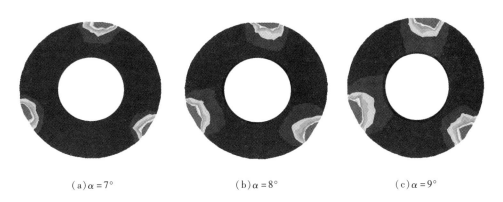

(a)$\alpha = 7°$　　　　　　　　　(b)$\alpha = 8°$　　　　　　　　　(c)$\alpha = 9°$

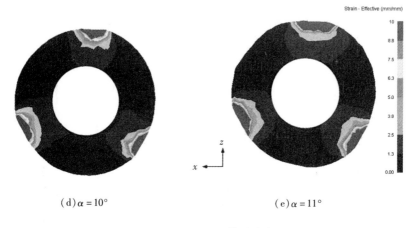

（d）α=10°   （e）α=11°

图6-20　等效应变速率图

（5）送进角对轧制力的影响

分别提取不同送进角轧制模型中稳定轧制阶段上轧辊的 z 向平均轧制力，得到轧制力随送进角变化曲线，如图6-21所示。从图中可以看出，轧制力随送进角的增大而提高，这是由于螺距加大，每转压下量加大。

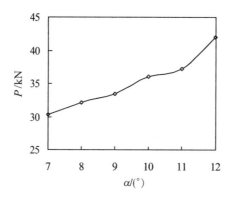

图6-21　送进角对轧制力的影响

（6）送进角对荒管尺寸精度的影响

采用不同送进角进行斜轧减径，参照图6-14，在稳定轧制出口段沿 y 坐标以 1 mm 等间距量取荒管的 80 个内外径值，得到荒管的内外径尺寸轴向波动数据。对荒管的内外径尺寸进行数据分析，分析计算最小值、最大值、平均值、极差值及标准偏差值，如表6-1所示。

从表6-1中可以看出，当送进角为11°时，荒管的内外径尺寸均超差且尺寸波动速度大幅增加，不能得到合格产品。送进角从7°增加到10°，标准偏差值变化较小。数据结果表明，可以将送进角从 7°增加到 10°。

表 6 - 1　送进角对轧件出口断面尺寸的影响

序号	送进角/(°)	外径/mm					内径/mm				
		最小值	最大值	平均值	极差值	标准偏差值	最小值	最大值	平均值	极差值	标准偏差值
1	7	28.49	29.71	29.05	1.22	0.32	9.46	10.63	9.97	1.17	0.37
2	8	28.47	29.76	29.04	1.29	0.32	9.46	10.64	9.97	1.18	0.37
3	9	28.50	29.78	29.07	1.28	0.32	9.52	10.72	9.98	1.20	0.39
4	10	28.55	29.92	29.15	1.37	0.33	10.02	11.29	10.35	1.27	0.41
5	11	29.02	30.32	29.61	1.30	0.54	10.95	12.84	11.22	1.89	0.87

6.3.3　芯棒对荒管尺寸精度的影响

（1）带芯棒减径轧制三维刚塑性有限元模型的建立

在三辊斜轧减径空心轧制时，轧件内部为自由表面，所以在轧制过程中内孔直径尺寸波动较大。现试在轧件心部加上芯棒进行斜轧减径，分析芯棒对荒管尺寸精度的影响。

在原有三辊斜轧减径模型的基础上增加芯棒。芯棒直径为 11 mm，芯棒长度设为 100 mm。芯棒在轧制过程中变形很小，简化为刚性体。毛管为穿孔后的轧件，其材料参数、边界条件和初始条件与空心减径模型相同。减径的送进角为 10°，辗轧角为 3°。将相同工艺参数下带芯棒轧制的仿真结果与不带芯棒轧制的仿真结果相比较，分析芯棒对荒管尺寸精度的影响。

（2）带芯棒减径对应变、应变率的影响分析

图 6 - 22 给出了带芯棒轧制与无芯棒轧制时等效应变的分布云图。由图中可以看出，带芯棒轧制比无芯棒空心轧制的等效应变偏大。说明由于芯棒对轧件内表面的作用较大，因此内表面的等效应变变化较大，外表面的等效应变变化较小。

在轧件出口横截面内，沿着轧件的径向平均取 6 个点，分别用 P_1，P_2，P_3，P_4，P_5，P_6 表示，P_6 为轧件外表面上的点，P_1 为轧件内表面上的点，P_2，P_3，P_4，P_5 为介于 P_1 点和 P_6 点之间平均分布的点，进行全过程点追踪，得到各点等效应变随时间变化曲线，如图 6 - 23 所示。

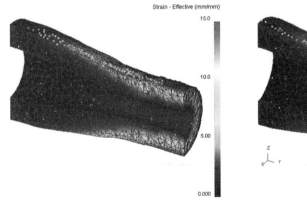
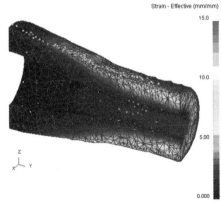

（a）无芯棒　　　　　　　　　　　　　　（b）带芯棒

图 6 - 22　等效应变比较

由图 6 - 23 可见，随着轧制过程的进行，等效应变不断积累，达到最大值后保持恒定不变。图 6 - 23（a）为无芯棒轧制过程，从 1.8 s 开始等效应变不断增大，在 3.1 s 各点均达到最大值后保持不变，其等效应变的积累时间为 1.3 s；图 6 - 23（b）为带芯棒轧制过程，从 2.7 s 开始等效应变不断增大，在 3.6 s 各点均达到最大值后保持恒定不变，其等效应变积累的时间为 0.9 s。比较图 6 - 23（a）和（b）可以看出，带芯棒轧制时各点在出口断面的等效应变值大于无芯棒轧制时各点在出口断面的等效应变值，这是由于芯棒的作用使得变形加剧。

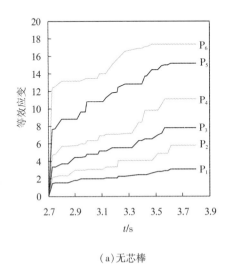
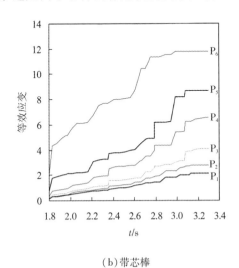

（a）无芯棒　　　　　　　　　　　　　　（b）带芯棒

图 6 - 23　等效应变的点追踪

图 6 - 24 给出了带芯棒轧制与无芯棒轧制时等效应变率的分布云图。从轧件变形区等效应变率云图来看，带芯棒轧制与无芯棒轧制时情况基本相同。其表现在辊管接触区等效应变率最大，在 $10 \ s^{-1}$ 以上；其他区域等效应变率很小。同时，由于 3 个轧辊按照 120° 圆周对称分布，毛管下方的外表面不与轧辊接触，等效应变率的最大区域呈带状在轴向剖视中只出现在毛管上表面。

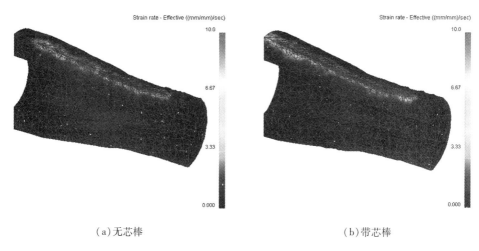

（a）无芯棒　　　　　　　　　　　　　（b）带芯棒

图 6 - 24　等效应变速率

为详细比较带芯棒轧制与无芯棒轧制时等效应变率分布的不同点，按照图 6 - 24 的方法从毛管内表面到外表面取壁厚方向均布的 6 个点，进行全过程点追踪，得到各点等效应变率随时间变化曲线，如图 6 - 26 和图 6 - 27 所示。

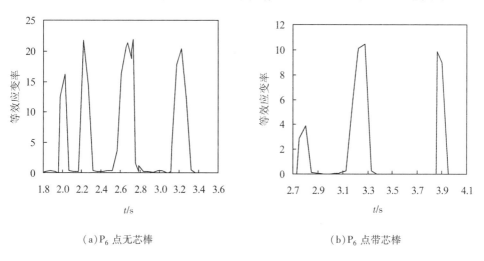

（a）P_6 点无芯棒　　　　　　　　　　　（b）P_6 点带芯棒

图 6 - 25　等效应变率的 P_6 点追踪

毛管外表面 P_6 点的等效应变率随轧制时间的变化曲线如图 6-25 所示。从图 6-25(a)中可以看出，无芯棒轧制时，毛管外表面上 P_6 点的等效应变率随轧制时间的增加，出现 4 个脉冲的图形。第一个脉冲出现在 2 s 时，等效应变率为 15 s^{-1}；第二个脉冲出现在 2.2 s 时，等效应变率为 21 s^{-1}；第三个脉冲出现在 2.7 s 时，等效应变率为 21 s^{-1}；第四个脉冲出现在 3.3 s 时，等效应变率为 20 s^{-1}。这是由于毛管在减径过程中螺旋前进，毛管每转一圈，外表面 P_6 点就与轧辊接触一次，在与轧辊接触时，P_6 点等效应变率达到极大值。4 个脉冲间隔时间依次增加，说明毛管咬入时的切向速度大于出口断面的切向速度。从图 6-25(b)中可以看出，带芯棒轧制时，毛管外表面上 P_6 点的等效应变率随轧制时间的增加，出现 3 个脉冲的图形。第一个脉冲出现在 2.8 s 时，等效应变率为 4 s^{-1}；第二个脉冲出现在 3.3 s 时，等效应变率为 10 s^{-1}；第三个脉冲出现在 3.9 s 时，等效应变率为 10 s^{-1}。这同样是由于毛管在减径过程中螺旋前进，毛管每转一圈，外表面 P_6 点就与轧辊接触一次，在与轧辊接触时，P_6 点等效应变率达到极大值。脉冲间隔时间增加，说明毛管咬入时的切向速度大于出口断面的切向速度。比较图 6-25(a)和(b)可以看出，带芯棒轧制和无芯棒轧制时，其外表面点 P_6 的等效应变率随时间变化有所不同，主要有两个方面：一方面，带芯棒轧制时外表面等效应变率的最大值小于无芯棒轧制时外表面等效应变率的最大值，这是由于带芯棒轧制时毛管的轴向速度小于无芯棒轧制时毛管的轴向速度；另一方面，带芯棒轧制时极大值出现的时间间隔大于无芯棒轧制时极大值出现的时间间隔，说明带芯棒轧制时毛管的切向速度小于无芯棒轧制时毛管的切向速度。

毛管内表面 P_1 点的等效应变率随轧制时间的变化曲线如图 6-26 所示。

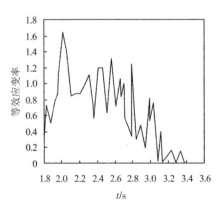

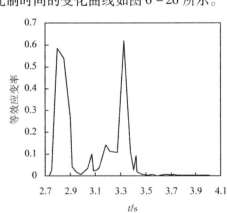

(a)P_1 点无芯棒   (b)P_1 点带芯棒

图 6-26　等效应变率的 P_1 点追踪

从图 6-26(a)中可以看出，无芯棒轧制时，毛管内表面上 P_1 点的等效应变率在 2 s 时出现最大值 1.7 s^{-1}，然后逐渐减小，没有明显的脉冲图形出现。从图 6-26(b)中可以看出，带芯棒轧制时，毛管内表面上 P_1 点的等效应变率随轧制时间的增加出现 2 个脉冲的图形。第一个脉冲出现在 2.8 s 时，等效应变率为 0.6 s^{-1}；第二个脉冲出现在 3.3 s 时，等效应变率为 0.6 s^{-1}。2 个脉冲的出现时间与图 6-25(b)所示脉冲的出现时间一致。这是由于在毛管的外表面 P_6 点与轧辊接触的同时，内表面 P_1 点与芯棒接触，P_1 点等效应变率达到极值。比较图 6-26(a)和(b)可以看出，带芯棒轧制和无芯棒轧制时，其内表面点 P_1 的等效应变率随时间变化有所不同，主要有两个方面：一方面，带芯棒轧制时内表面等效应变率的最大值小于无芯棒轧制时内表面等效应变率的最大值；另一方面，无芯棒轧制时内表面自由变形，其等效应变率没有明显脉冲出现，而由于芯棒对变形的约束作用，带芯棒轧制时内表面点的等效应变率有明显脉冲性极值。

图 6-27 给出了带芯棒轧制与无芯棒轧制时等效应力的分布云图。由图 6-27 中可以看出，带芯棒轧制与无芯棒空心轧制时的等效应力分布情况基本相同，均表现出内表面的等效应力较小、外表面的等效应力较大。

为详细比较带芯棒轧制与无芯棒轧制时等效应力分布的不同点，按照图 6-23 的方法从毛管内表面到外表面取壁厚方向均布的 6 个点，进行全过程点追踪，得到各点等效应力随时间变化曲线，如图 6-28 所示。

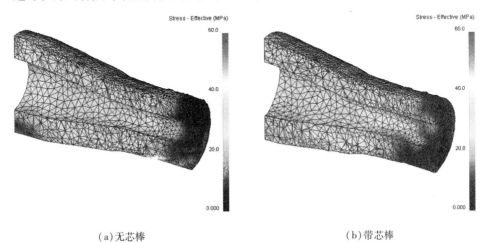

（a）无芯棒　　　　　　　　　　　　　（b）带芯棒

图 6-27　等效应力比较

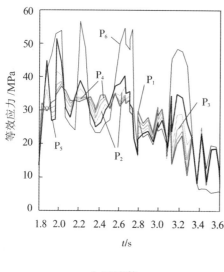

（a）无芯棒

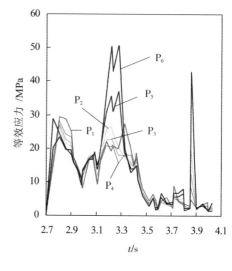

（b）带芯棒

图 6 – 28　等效应力的点追踪

从图 6 – 28（a）中可以看出，P_6 和 P_5 点接近外表面，等效应力值具有 4 个较明显的脉冲，其极值发生时间与图 6 – 25（a）所示极值发生时间相同，毛管与轧辊接触点处等效应力出现极大值。接近内表面的各点脉冲的幅值逐渐减小。从图 6 – 28（b）中可以看出，各点的等效应力值具有 3 个较明显的脉冲，其极值发生时间与图 6 – 25（b）所示极值发生时间相同，毛管与轧辊接触点处等效应力出现极大值。比较图 6 – 28（a）和（b），由于芯棒的作用，带芯棒轧制时内外表面各点的等效应力都有明显的周期性，而无芯棒轧制时只有接近外表面的点有周期性变化，因为无芯棒轧制时内表面无约束。

（3）带芯棒减径对荒管尺寸精度的影响分析

采用带芯棒模型进行斜轧减径，参照图 6 – 14，在稳定轧制出口段沿 y 坐标以 1 mm 等间距量取荒管的 80 个内外径值，得到荒管的内外径尺寸轴向波动数据。对荒管的内外径尺寸进行数据分析，计算最小值、最大值、平均值、极差值及标准偏差值，如表 6 – 2 所示。由表可见，由于芯棒的限制作用，内径尺寸精度高于无芯棒轧制时内径尺寸精度。

表 6 – 2　带芯棒减径对轧件尺寸精度的影响

序号	芯棒	外径/mm					内径/mm				
		最小值	最大值	平均值	极差值	标准偏差值	最小值	最大值	平均值	极差值	标准偏差值
1	无	28.50	29.72	29.05	1.22	0.31	10.02	11.29	10.35	1.27	0.25
2	有	28.52	29.87	29.10	1.35	0.32	10.76	11.00	10.85	0.24	0.11

6.4　微观组织演变分析

6.4.1　奥氏体再结晶预测模型

六角中空钎钢是制作钎杆的原材料。在钎杆的生产过程中,钎钢仍需要经过钎锥和钎尾成形的机加工、热处理等工序,钎钢内部的晶粒尺寸、组织形态可能发生改变,但钎钢本身的初始晶粒尺寸和组织对后续钎杆的机加工、热处理性能及成品质量有重要影响。因此,研究热轧过程中轧件的奥氏体再结晶行为,分析钎钢成形过程中的晶粒尺寸变化,对于提高钎杆的质量有重要意义。

钢材在热变形过程中的晶粒演变有 3 种形式:动态再结晶、静态再结晶和晶粒长大。描述晶粒演变过程的数学模型应包含以上过程的晶粒尺寸模型和相应的再结晶动力学模型。为了了解各项热力学参数与微观组织演变的关系,多年来各国学者对再结晶模型进行了大量的研究,并建立了描述材料定量软化的计算模型。在再结晶定量计算的模型中,变形温度、应变、应变速率均为重要的过程参量,因此一个完整的再结晶模型需要考虑以上 3 个参量对微观组织演变过程的影响。较有代表性的再结晶模型主要有 Sellars 模型、Yada 模型、Saito 模型、Hodgson and R. K. Gibbs 模型、Esaka 模型、Roberts 模型等。55SiMnMo 钢材奥氏体再结晶预测模型是在 Yada 模型的基础上通过高温压缩实验回归得到的。

(1)动态再结晶模型

动态再结晶是金属在热变形过程中发生的再结晶现象。在 Yada 等建立的动态再结晶模型中,发生动态再结晶的临界应变为

$$\varepsilon_{\mathrm{c}} = a_2 \varepsilon_{\mathrm{p}} \qquad (6-47)$$

峰值应变为

$$\varepsilon_{\mathrm{p}} = a_1 d_{\mathrm{a}}^{h_1} \dot{\varepsilon}^{m_1} \exp\left(\frac{Q}{RT}\right) \tag{6-48}$$

式中，ε_{p}——峰值应变；

$\quad d_{\mathrm{a}}$——初始晶粒尺寸，μm；

$\quad \dot{\varepsilon}$——应变速率，s^{-1}；

$\quad R$——气体常数，$R = 8.314\ \mathrm{J/(K \cdot mol)}$；

$\quad T$——热力学温度；

$\quad Q$——激活能。

动态再结晶体积分数

$$X_{\mathrm{drex}} = 1 - \exp\left(-\beta_{\mathrm{d}} \times \frac{\varepsilon - a_{10}\varepsilon_{\mathrm{p}}}{\varepsilon_{0.5}}\right) \tag{6-49}$$

$$\varepsilon_{0.5} = a_5 d_{\mathrm{a}}^{h_5} \dot{\varepsilon}^{m_5} \exp\left(\frac{Q}{RT}\right) \tag{6-50}$$

式中，X_{drex}——动态再结晶体积分数；

$\quad \varepsilon_{0.5}$——动态再结晶体积分数为 50% 时的应变。

动态再结晶晶粒尺寸

$$d_{\mathrm{drex}} = a_8 d_{\mathrm{a}}^{h_8} \dot{\varepsilon}^{m_8} \exp\left(\frac{Q}{RT}\right) \tag{6-51}$$

（2）静态再结晶模型

静态再结晶在金属热加工后应变率小于临界应变率时发生。临界应变率

$$\dot{\varepsilon}_{\mathrm{ss}} = A\exp\left(b_1 - b_2 d_{\mathrm{a}} - \frac{Q}{T}\right) \tag{6-52}$$

静态再结晶体积分数

$$X_{\mathrm{srex}} = 1 - \exp\left(-\beta_{\mathrm{s}} \left(\frac{t}{t_{0.5}}\right)^{k_{\mathrm{s}}}\right) \tag{6-53}$$

发生 50% 再结晶百分数的时间

$$t_{0.5} = a_3 d_{\mathrm{a}}^{\ h_3} \varepsilon^{n_3} \dot{\varepsilon}^{m_3} \exp\left(\frac{Q}{RT}\right) \tag{6-54}$$

静态再结晶晶粒尺寸

$$d_{\mathrm{srex}} = a_6 d_{\mathrm{a}}^{\ h_6} \varepsilon^{n_6} \dot{\varepsilon}^{m_6} \exp\left(\frac{Q}{RT}\right) \tag{6-55}$$

（3）亚动态再结晶模型

当变形发生后应变率大于静态再结晶应变率时，发生亚动态再结晶。亚动态再结晶体积分数

$$X_{mdrex} = 1 - \exp\left(-\beta_{md}\left(\frac{t}{t_{0.5}}\right)^{k_{md}}\right) \qquad (6-56)$$

$$t_{0.5} = a_4 d_a^{h_4} \varepsilon^{n_4} \varepsilon^{m_4} \exp\left(\frac{Q}{RT}\right) \qquad (6-57)$$

亚动态再结晶晶粒尺寸

$$d_{mrex} = a_7 d_a^{h_7} \varepsilon^{n_7} \dot{\varepsilon}^{m_7} \exp\left(\frac{Q}{RT}\right) \qquad (6-58)$$

（4）晶粒长大模型

晶粒长大发生在再结晶行为发生前或发生后，晶粒长大模型的晶粒尺寸

$$d_r = \left[d_{rex} + a_9 t \exp\left(-\frac{Q}{RT}\right)\right]^{\frac{1}{m}} \qquad (6-59)$$

以上各式中，$a_{1\sim9}$，$h_{1\sim9}$，$n_{1\sim9}$，$m_{1\sim9}$ 及 b_d，b_s，b_{md}，k_s，k_{md} 等均为材料参数。

6.4.2　送进角对晶粒尺寸的影响

在不同送进角的三辊斜轧减径模型中，给毛管的材料属性增加微观组织演变的动力学模型和晶粒尺寸模型。设毛管的初始晶粒尺寸为 100 μm，并增加晶粒模拟计算模块。将计算结果对晶粒尺寸进行追踪，获得送进角对晶粒尺寸的影响规律，如图 6 – 29 所示。从图中可以看出不同送进角的轧件从内表面到外表面沿径向平均晶粒尺寸的变化。随着半径的增大，轧件的平均晶粒尺寸呈减小趋势。相同半径下，随着送进角的增大，平均晶粒尺寸值减小。

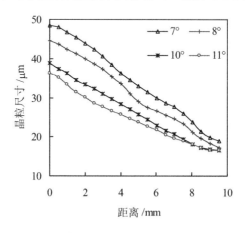

图 6 – 29　平均晶粒尺寸图

6.4.3 带芯棒减径对晶粒尺寸的影响

稳定轧制阶段,管坯带芯棒与无芯棒轧制时三维平均晶粒尺寸分布云图如图 6 – 30 所示。

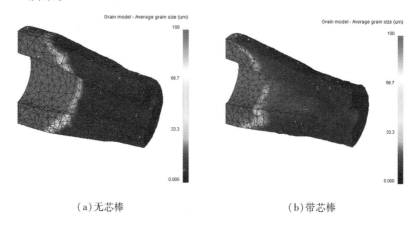

(a)无芯棒　　　　　　　　　　　(b)带芯棒

图 6 – 30　三维晶粒尺寸分布云图

带芯棒轧制和无芯棒轧制时平均晶粒尺寸的分布情况基本一致,均表现为进入变形区后快速减小,这是由于发生了动态再结晶引起的晶粒细化。

将平均晶粒尺寸的刻度范围从 0 ~ 100 μm 缩小至 0 ~ 50 μm,得到出口断面的平均晶粒尺寸分布云图,如图 6 – 31 所示。可以看出,平均晶粒尺寸从外表面向内表面逐渐增加。为详细比较带芯棒轧制与无芯棒轧制时平均晶粒尺寸分布的不同点,按照图 6 – 23 的方法从毛管内表面到外表面取壁厚方向均布的点,得到平均晶粒尺寸沿壁厚方面的分布图,如图 6 – 32 所示。

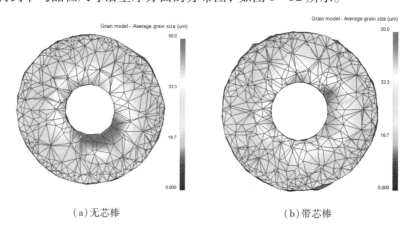

(a)无芯棒　　　　　　　　　　　(b)带芯棒

图 6 – 31　出口断面晶粒尺寸分布云图

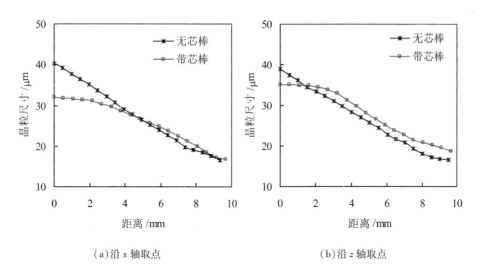

(a)沿 x 轴取点　　　　　　　　　　(b)沿 z 轴取点

图 6 - 32　晶粒尺寸图

图 6 - 32(a)为沿 x 轴壁厚方向取 20 个点,0 点为内表面。图中横坐标为各点到内表面的距离。图 6 - 32(b)为沿 z 轴壁厚方向取的点。从图中可以明显看出轧件出口断面的平均晶粒尺寸从内表面向外表面逐渐减小。无芯棒轧制时,内表面的平均晶粒尺寸为 40 μm,外表面的平均晶粒尺寸为 16 μm,平均晶粒尺寸从内向外呈线性减小;带芯棒轧制时,内表面的平均晶粒尺寸为 34 μm,外表面的平均晶粒尺寸为 17 μm,平均晶粒尺寸从内向外呈抛物线形减小趋势。芯棒对细化内表面晶粒起到了一定作用。

第7章 钎钢拉拔及轧制过程分析

本章为找到理想的钎钢外六角形成形工艺,对钎钢的终轧成形过程进行了三维刚塑性热力组织有限元仿真分析。计算并对比分析了轧件的等效应变、应变速率及出口断面平均晶粒尺寸。分析结果表明了钎钢终轧六辊对称轧制成形工艺的优势。正六角形单道次六辊对称轧制成形有助于提高钎钢生产效率,降低生产成本。

7.1 钎钢六辊对称轧制成形过程分析

7.1.1 金属变形分析

(1)总体尺寸

钎钢轧制过程的三维有限元模拟结果及横断面图如图 7-1 所示。平均对边距离 $B=22.28$ mm,平均内孔直径 $d=6.96$ mm,最小壁厚 $H\approx7.25$ mm,平均圆角半径 $r=1.32$ mm。模拟成品结果符合规定尺寸。出口断面横截面积为 400.11 mm²,道次延伸率为 1.357。

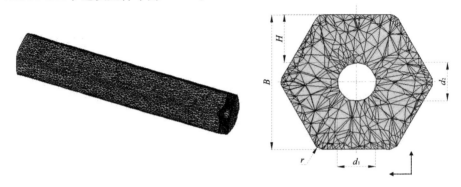

图 7-1 六辊轧制成品

对六角形一次轧制成形仿真结果进行尺寸精度分析，取稳定轧制后出口成品的纵断面，测量得到对边距 B、内孔直径尺寸 d 和壁厚尺寸 H 沿轴向的波动情况，如图 7 – 2 所示。

在 xoy 截面内量取 H22 的名义尺寸，即正六角形的对边距 B，得到 B 沿 y 坐标的变化情况，如图 7 – 2(a) 所示。从图中可以看出，在截取的 100 mm 范围内，最大对边距为 22.38 mm，最小对边距为 22.13 mm，平均值为 22.28 mm，极差值为 0.25 mm，标准偏差值为 0.06 mm。

在 xoy 截面内量取 H22 的横向内孔直径 d_1，在 yoz 截面内量取 H22 的纵向内孔直径 d_2，得到钎钢内孔沿 y 坐标的变化情况，如图 7 – 2(b) 所示。内孔直径的最小值为 6.27 mm，最大值为 7.88 mm，极差值为 1.61 mm，标准偏差值为 0.35 mm。其中，d_1 的平均值为 7.00 mm，d_2 的平均值为 6.91 mm。x 向的内孔直径 d_1 大于 z 向的内孔直径 d_2，这是由于轧件 z 向受到正压力的作用。

在 yoz 截面内量取 H22 的最小壁厚值 H，得到 H 沿 y 坐标的变化情况，如图 7 – 2(c) 所示。从图中可以看出，截面最小壁厚值 H 在 7.25 ~ 7.96 mm 波动，均大于要求的最小壁厚值。

在 xoy 截面内量取内孔圆心的偏心量值，得到内孔偏心量沿 y 坐标的变化情况，如图 7 – 2(d) 所示。从图中可以看出，内孔偏心量在 0.02 ~ 0.64 mm 波动。内孔偏心量的极差值为 0.64 mm，标准偏差值为 0.18 mm。

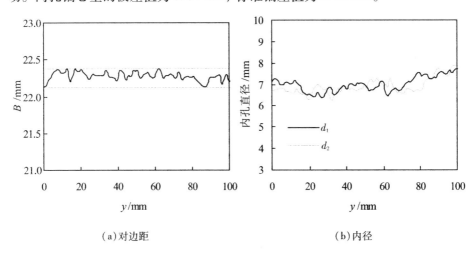

(a) 对边距　　　　　　　　　　　　　　(b) 内径

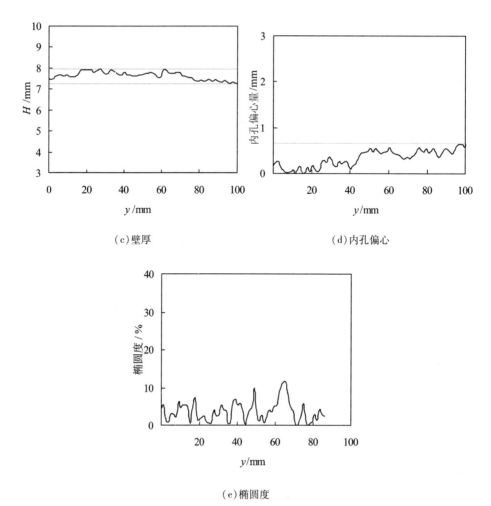

（c）壁厚　　　　　　　　　　　（d）内孔偏心

（e）椭圆度

图7－2　六辊轧制成品尺寸分析图

根据在 xoy 截面内量取 H22 的横向内孔直径 d_1 和在 yoz 截面内量取 H22 的纵向内孔直径 d_2，计算内孔椭圆度，如图7－2（e）所示。内孔椭圆度在0.03% ~ 11.54%波动。

（2）应变及应变率分析

稳定轧制阶段轧件的纵断面等效应变云图如图7－3（a）所示。从图中可以看出，轧件的等效应变从咬入点开始积累在出口附件达到稳定状态。最大等效应变发生在外表面，其值为5。等效应变从外表面向内表面逐渐减小。

轧件出口处的横断面等效应变云图如图7－3（b）所示。应变云图表明，轧件外表面六条边、内表面及六角对应的中间部分应变较大，而六条边对应的壁厚部分应变较小。

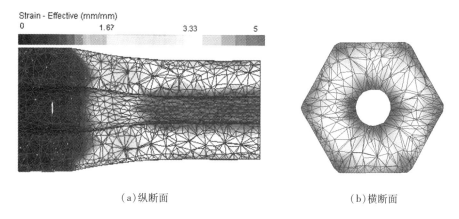

（a）纵断面 （b）横断面

图7-3 等效应变云图

稳定轧制阶段轧件等效应变率云图如图7-4所示。

稳定轧制阶段轧件的纵断面等效应变率云图如图7-4(a)所示。从图中可以看出，轧件的等效应变率在咬入点附近达到最大值，其值为5 s^{-1}。出口断面等效应变率值为0，可因此测量得到辊管接触长度为25 mm，单辊与轧件的平均接触面积为203.3 mm^2。在变形区中部，等效应变率从外向内逐渐增加。

轧件孔喉处的横断面等效应变率云图如图7-4(b)所示。横断面等效应变率云图表明轧件外表面六个角及内表面应变率较大，在3 s^{-1}左右。六条边对应的壁厚部分应变率较小，在1.7 s^{-1}左右。

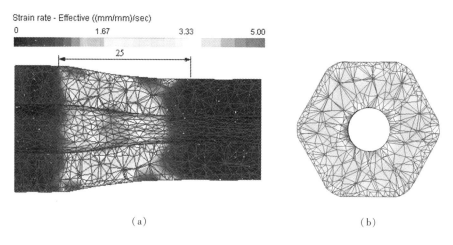

（a） （b）

图7-4 等效应变率云图

7.1.2 微观组织演变分析

稳定轧制阶段变形区轧件的纵断面和横断面平均晶粒尺寸云图如图7-5

所示。

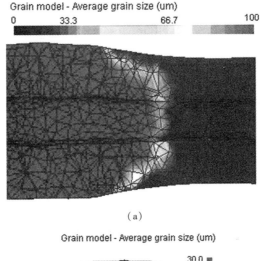

(a)

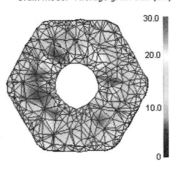

(b)

图 7 - 5　平均晶粒尺寸分布图

从图 7 - 5(a)中可以看出，轧件的平均晶粒尺寸从咬入开始迅速细化，从 100 μm 减小到 30 μm 以下，这是由动态再结晶引起的晶粒细化。图 7 - 5(b) 为稳定轧制阶段轧件出口断面的平均晶粒尺寸横断面云图。从图中可以看出，轧件靠近表面区域平均晶粒尺寸较小，在 10 μm 左右；壁厚中部平均晶粒尺寸较大，在 25 μm 左右。将其与图 7 - 3(b)对比可知，这是由内外表面等效应变大于壁厚中部等效应变，动态再结晶充分引起的。

7.2　钎钢滚动模拉拔成形过程分析

为了解决金属流动性在整模中不能发挥和滑动摩擦力过大发生拉断等现

象，采用滚动模拉伸方法进行拉拔，即在一周内布置七个辊模形成七角孔型来进行拉拔。

滚动模拉伸有以下优点：① 以滚动摩擦代替滑动摩擦，使拉伸力降低30% ~ 50%；② 改变了变形区的应力状态，降低了轴向拉拔力，能充分发挥金属塑性潜力，提高道次变形能力；③ 使金属制品组织更加均匀，提高了制品机械性能；④ 显著地降低了模耗；⑤ 非常适合减径拉伸和异型材加工；⑥ 线材不需要预处理，不需要酸洗和润滑，减少了工序，操作更加简单；⑦ 辊模自由旋转，易于维修和处理，氧化皮和附着物不会牢牢固着在产品及模面上，从而极大地减少了拉伸中最易出现的因黏模而拉断现象的发生，当然这也与滚拉中变形区发热小有关。

正是因为滚动模拉伸具有以上优点，才选择了这种拉拔方法。这样就克服了空拔拉模的设计困难，消除了拉断，而且有利于金属的流动。

7.2.1　金属变形分析

（1）总体尺寸

钎钢拉拔过程的模拟结果及横断面图如图7 - 6所示。平均对边距离为22.14 mm，平均内孔直径为6.33 mm，最小壁厚约为7.93 mm，平均圆角半径为1.53 mm。模拟成品结果符合规定尺寸。但平均对边距离和平均内孔直径比轧制结果偏小。

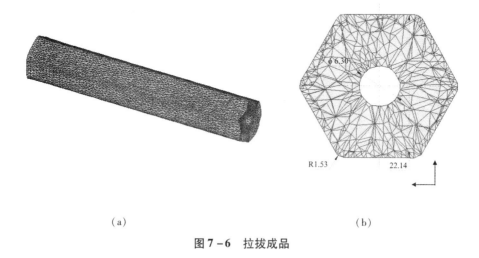

（a）　　　　　　　　　　　　　　　　　（b）

图7 - 6　拉拔成品

对以上拉拔工艺仿真后的成品进行尺寸精度分析，如图7 - 7所示。

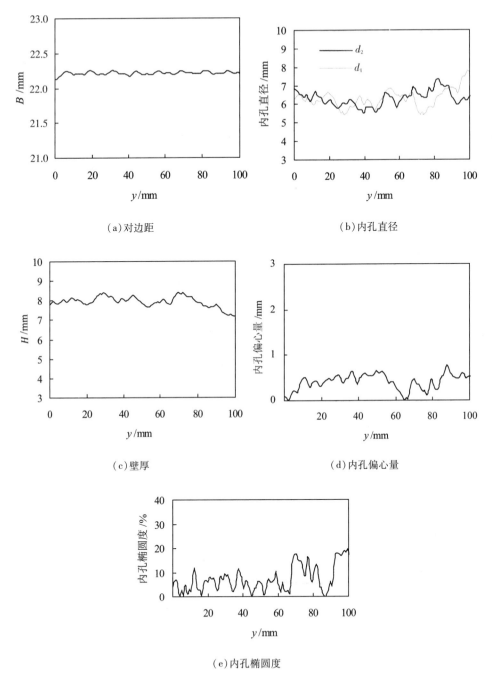

（a）对边距 （b）内孔直径

（c）壁厚 （d）内孔偏心量

（e）内孔椭圆度

图 7 - 7　拉拔钎钢截面几何尺寸分析图

在 xoy 截面内以 1 mm 等间距量取 100 个 H22 的名义尺寸，即正六角形的对边距 B，得到 B 沿 y 坐标的变化情况，如图 7 - 7（a）所示。最大对边距为

22.25 mm，最小对边距为 22.10 mm，平均值为 22.14 mm，极差值为 0.15 mm，标准偏差值为 0.02 mm。

根据图 7-1 的坐标系，在 xoy 截面内以 1 mm 等间距量取 100 个 H22 的横向内孔直径 d_1，在 yoz 截面内量取 H22 的纵向内孔直径 d_2，得到钎钢内孔沿 y 坐标的变化情况，如图 7-7(b)所示。内孔直径的最小值为 5.43 mm，最大值为 7.87 mm，平均值为 6.33 mm，极差值为 2.44 mm，标准偏差值为 0.39 mm。内孔直径 d_1 的平均值为 6.36 mm，内孔直径 d_2 的平均值为 6.30 mm。相对 d_1 方向，d_2 方向正向受压，内孔直径 d_2 的平均尺寸小于 d_1 的平均尺寸。

在 xoy 截面内量取 H22 的最小壁厚值 H，得到 H 沿 y 坐标的变化情况，如图 7-7(c)所示。从图中可以看出，截面最小壁厚值 H 在 7.17~8.40 mm 波动，平均值为 7.93 mm，极差值为 1.23 mm，标准偏差值为 0.28 mm。

在 xoy 截面内计算内孔直径 d_1 圆心的偏心量值，得到内孔偏心量沿 y 坐标的变化情况，如图 7-7(d)所示。从图中可以看出，内孔偏心量在 0.04~0.77 mm 波动。

根据在 xoy 截面内量取 H22 的横向内孔直径 d_1 和在 yoz 截面内量取 H22 的纵向内孔直径 d_2，计算内孔椭圆度，如图 7-7(e)所示。内孔椭圆度在 0.08% ~ 19.5% 波动。

（2）等效应变及应变率分析

稳定拉拔阶段轧件的纵断面等效应变云图如图 7-8(a)所示。

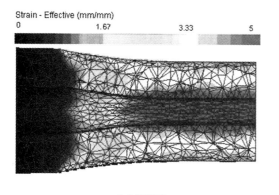

（a）纵断面　　　　　　　　　（b）横断面

图 7-8　等效应变云图

从图 7-8(a)中可以看出，轧件的等效应变从入口点开始积累，在出口处达到稳定状态，最大等效应变发生在内外表面，其值为 5。

轧件出口处的横断面等效应变云图如图7-8(b)所示，表明轧件外表面六条边、内表面及六角对应的中间部分应变较大，而六条边对应的壁厚部分应变较小。

稳定拉拔阶段轧件的纵断面等效应变率云图如图7-9(a)所示。从图中可以看出，轧件的等效应变率在入口点附近达到最大值，其值为$5\ s^{-1}$。出口断面处等效应变率值为0，可因此测量得到辊管接触长度为27 mm，单辊与轧件的平均接触面积为203.3 mm^2。在变形区中部，等效应变率从外向内逐渐增加。

轧件孔喉处的横断面等效应变率云图如图7-9(b)所示。横断面应变率云图表明轧件外表面六个角及内表面应变率较大，在$3\ s^{-1}$左右。六条边对应的壁厚部分应变率较小，在$1.7\ s^{-1}$左右。

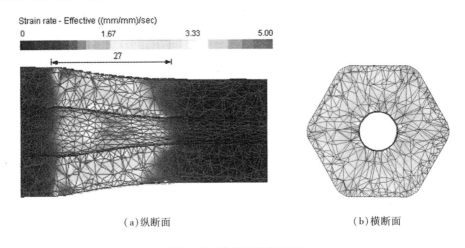

(a)纵断面　　　　　　　　　　　　　　(b)横断面

图7-9　等效应变率云图

7.2.2　微观组织演变分析

稳定拉拔阶段变形区轧件的平均晶粒尺寸云图如图7-10所示。

从7-10(a)中可以看出，轧件的平均晶粒尺寸从初始晶粒尺寸100 μm开始逐渐细化。其细化速度明显小于轧制结果。

图7-10(b)为稳定拉拔阶段轧件出口断面的平均晶粒尺寸横断面云图。从图中可以看出，轧件靠近外表面区域平均晶粒尺寸较小，在10 μm左右；壁厚中部平均晶粒尺寸较大，为30~50 μm。

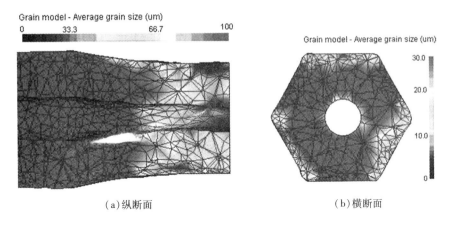

（a）纵断面   （b）横断面

图 7-10 平均晶粒尺寸分布图

7.3 钎钢二辊带芯轧制成形过程分析

7.3.1 金属变形分析

（1）总体尺寸

钎钢二辊轧制成形过程的模拟结果如图 7-11 所示。其中图 7-11（a）所示为三维成品图，从图中可以看出钎钢的外六角中空结构。轧件最前端断面扭曲是由十道次轧制过程中咬入变形引起的。图 7-11（b）所示为稳定轧制阶段出口横断面图。

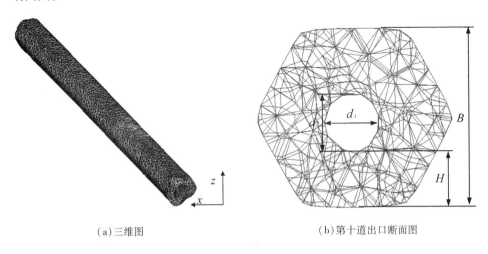

（a）三维图   （b）第十道出口断面图

图 7-11 二辊轧制成品

对二辊带芯轧制成形的六角钎钢进行尺寸精度分析。

在 xoy 截面内量取 H22 的名义尺寸，即正六角形的对边距 B，得到 B 沿 y 坐标的变化情况，如图 7 – 12(a)所示。从图中可以看出，在截取的 100 mm 范围内，最大对边距为 22.57 mm，最小对边距为 22.37 mm，平均值为 22.46 mm，极差值为 0.20 mm，标准偏差值为 0.05 mm。

在 xoz 截面内量取 H22 的横向内孔直径 d_1，在 yoz 截面内量取 H22 的纵向内孔直径 d_2，得到钎钢内孔沿 y 坐标的变化情况，如图 7 – 12(b)所示。内孔直径的最小值为 6.33 mm，最大值为 7.90 mm，平均值为 7.06 mm，均大于要求的最小内孔直径。在量取的点中内孔直径极差值为 1.57 mm，标准偏差值为 0.17 mm。其中，内孔直径 d_1 的平均值为 6.69 mm，内孔直径 d_2 的平均值为 7.42 mm。x 向的内孔直径 d_1 平均值小于 z 向的内孔直径 d_2 平均值，这是由于 x 向为轧制压力方向，z 向为宽展方向。

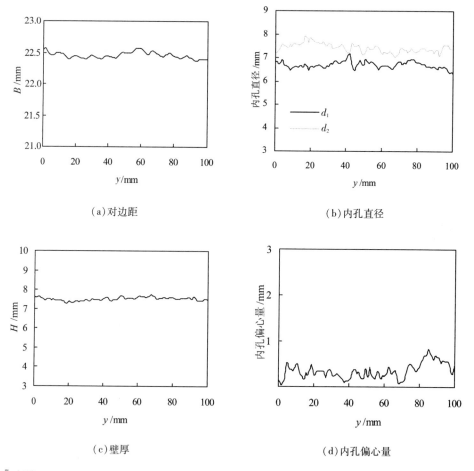

(a)对边距　　　　　　　　　　　(b)内孔直径

(c)壁厚　　　　　　　　　　　(d)内孔偏心量

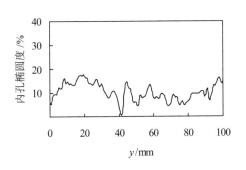

(e)内孔椭圆度

图 7 − 12　二辊轧制尺寸精度分析

在 yoz 截面内量取 H22 的最小壁厚值 H，得到 H 沿 y 坐标的变化情况，如图 7 − 12(c)所示。从图中可以看出，截面最小壁厚值 H 在 7.27 ~ 7.90 mm 波动。在取样断面最小壁厚值 H 极差值为 0.48 mm，标准差值为 0.10 mm，平均值为 7.52 mm。

在 xoy 截面内量取内孔圆心的偏心量值，得到内孔偏心量沿 y 坐标的变化情况，如图 7 − 12(d)所示。从图中可以看出，内孔偏心量在 0.72 ~ 1.36 mm 波动。在取样断面内孔的偏心量极差值为 0.64 mm，标准差值为 0.14 mm，平均值为 1.05 mm。

根据在 xoy 截面内量取 H22 的横向内孔直径 d_1 和在 yoz 截面内量取 H22 的纵向内孔直径 d_2，计算内孔椭圆度，如图 7 − 12(e)所示。内孔椭圆度在 0.65% ~ 17.61% 波动。在取样断面内孔椭圆度极差值为 16.97%，标准差值为 3.62%，平均值为 10.36%。

（2）应变及应变率分析

第十道次稳定轧制阶段轧件的等效应变云图如图 7 − 13 所示。从图 7 − 13(a)中可以看出，轧件的等效应变值在进入变形区后逐渐积累。轧件出口处的横断面等效应变云图如图 7 − 13(b)所示。最大等效应变发生在内表面。

第十道次稳定轧制阶段轧件的等效应变率云图如图 7 − 14 所示。从图 7 − 14(a)中可以看出，轧件的等效应变率在进入变形区后快速增大，到达孔喉位置后开始减小，出口断面等效应变率为 0。轧件孔喉处的横断面等效应变率云图如图 7 − 14(b)所示，轧件水平顶角处的应变率较大，纵向对边处等效应变率较小。

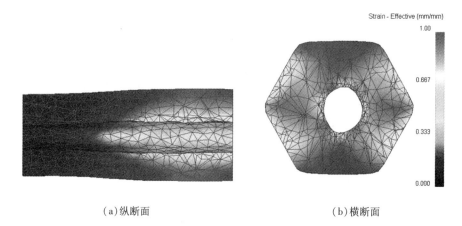

（a）纵断面　　　　　　　　　　　　　（b）横断面

图 7 - 13　等效应变云图

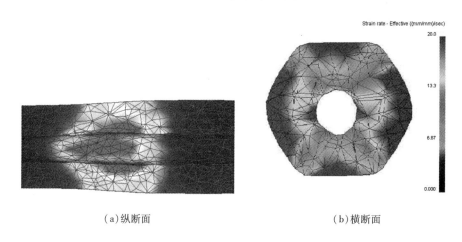

（a）纵断面　　　　　　　　　　　　　（b）横断面

图 7 - 14　等效应变率云图

7.3.2　微观组织演变

第十道次稳定轧制阶段变形区轧件的纵断面和横断面平均晶粒尺寸云图如图 7 - 15 所示。从图中可以看出，在轧件纵断面中线位置的一小片区域内平均晶粒尺寸迅速细化，其他大部分区域晶粒尺寸均匀且没有明显细化。这是由于第十道次为精轧，道次压下量小，轧件等效应变小于动态再结晶临界应变值。

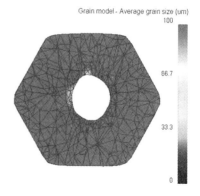

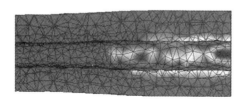

（a）纵断面　　　　　　　　　　　　　（b）横断面

图 7 – 15　平均晶粒尺寸分布图

7.4　六角成形工艺比较

目前，钎钢外六角形的成形方法主要为二辊横列式轧机热轧成形法，热拔成形法和六辊轧机对称轧制成形法是近年新研发的工艺。通过六辊对称轧制成形、滚动模拉拔成形和二辊带芯轧制的刚塑性有限元建模与仿真，得到 3 种工艺下金属的变形和微观组织演变过程。下面从成品尺寸精度和成品的平均晶粒尺寸两方面对 3 种钎钢终轧工艺进行对比分析。

3 种工艺的尺寸精度对比如表 7 – 1 所示。从表中可以看出，对边距的尺寸精度高于壁厚和内孔直径，外形尺寸比内形尺寸容易控制，提高钎钢尺寸精度的重点在于提高内径尺寸精度。六辊对称轧制成形工艺在控制内孔椭圆度方面具有明显优势。

表 7 – 1　3 种工艺型的尺寸精度对比

	成形方法	最小值	最大值	平均值	极差值	标准偏差值
对边距 /mm	六辊轧制	22.13	22.38	22.28	0.25	0.06
	滚动拉拔	22.10	22.25	22.14	0.15	0.02
	二辊轧制	22.37	22.57	22.46	0.20	0.05
最小壁厚 /mm	六辊轧制	7.25	7.96	7.64	0.71	0.19
	滚动拉拔	7.17	8.40	7.93	1.23	0.28
	二辊轧制	7.27	7.75	7.52	0.48	0.10

续表 7 - 1

	成形方法	最小值	最大值	平均值	极差值	标准偏差值
内孔直径 /mm	六辊轧制	6.27	7.88	6.96	1.61	0.35
	滚动拉拔	5.43	7.87	6.33	2.44	0.39
	二辊轧制	6.33	7.90	7.06	1.57	0.17
偏心量 /mm	六辊轧制	0.02	0.64	0.33	0.62	0.18
	滚动拉拔	0.04	0.77	0.40	0.73	0.17
	二辊轧制	0.72	1.36	1.05	0.64	0.14
椭圆度 /%	六辊轧制	0.03	11.54	3.99	11.51	2.69
	滚动拉拔	0.08	19.50	7.28	19.42	5.28
	二辊轧制	0.65	17.61	10.36	16.96	3.62

提取 3 种工艺生产的钎钢出口断面晶粒尺寸分布情况如图 4 - 23 所示。

图 7 - 16(a)所示为沿 z 轴方向取点的晶粒尺寸分布曲线。取 6 个点,坐标零点为内表面上的点。从图中可以看出,二辊带芯轧制的钎钢晶粒尺寸较大,没有明显的细化过程;六辊滚动模拉拔生产的钎钢,内外表面晶粒细化,壁厚中部晶粒尺寸偏大;六辊对称轧制生产的钎钢晶粒得到了均匀的细化。

图 7 - 16(b)所示为沿 x 轴方向取点的晶粒尺寸分布曲线。取 6 个点,坐标零点为内表面上的点。从图中可以看出,二辊带芯轧制的钎钢晶粒尺寸分布为内表面较小,从内向外不断增大;六辊滚动模拉拔生产的钎钢,内外表面晶粒细化,壁厚中部晶粒尺寸偏大;六辊对称轧制生产的钎钢晶粒从内表面向外表面逐渐减小,细化较为均匀。因此,六辊对称轧制工艺在细化晶粒方面更为理想。

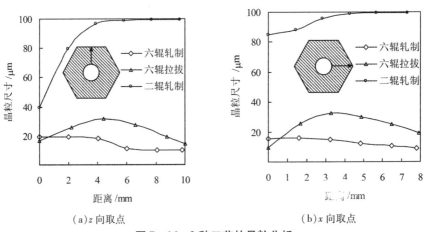

(a) z 向取点　　　　　　　　(b) x 向取点

图 7 - 16　3 种工艺的晶粒分析

综合考虑钎钢的尺寸精度、细化晶粒及工序的简单性,六辊对称轧制成形工艺优于滚动模拉拔及二辊带芯轧制成形方法。

　　为了找到理想的钎钢外六角形成形工艺,本章对钎钢的终轧成形过程进行了三维刚塑性热力耦合有限元仿真分析。建立了滚动模拉拔、六辊对称轧制和二辊带芯轧制 3 种工艺的仿真模型,计算并对比分析了轧件的等效应变、应变速率及出口断面平均晶粒尺寸。分析结果证明了钎钢终轧六辊对称轧制成形工艺的优势。正六角形单道次六辊对称轧制成形有助于提高生产效率、降低生产成本,建议推广。

参考文献

[1] 胡铭,董鑫业.我国钎钢钎具产品现状及发展思路[J].凿岩机械气动工具,2011 (2):27-42.

[2] 洪达灵,顾太和,徐曙光,等.钎钢与钎具[M].北京:冶金工业出版社,2000:3-10.

[3] 饶建华,张国桦.中空钢轧制工艺对 H22-40SiMnCrNiMo 钎杆寿命影响研究[J].矿山机械,2001(12):16-17.

[4] 王兴.六角中空钢的轧制[J].南方钢铁,1999(5):18-20.

[5] 郑宝龙,朱为昌,覃朝华.Y 型三辊热轧中空六角钢的工艺探讨[J].钢管,1997(2): 32-34.

[6] 刘辉.钎杆用中空钢轧制过程的数值模拟及实验研究[D].秦皇岛:燕山大学,2006.

[7] 姜杰凤.奇数边中空钎钢成型过程的数值模拟[D].秦皇岛:燕山大学,2007.

[8] 沈红伟.中空钢三辊斜轧过程的数值模拟[D].秦皇岛:燕山大学,2009.

[9] 许小林.中空钢轧制过程数值模拟及尺寸精度分析[D].秦皇岛:燕山大学,2010.

[10] 赵统武,陈仁福,李泽沛,等.钎钢工作载荷谱的研究[J].金属学报,1982(5):631-634.

[11] 赵统武,陈仁福,李泽沛,等.钎杆的工作载荷谱和疲劳寿命估测[J].钢铁,1983 (7):41-45.

[12] 黎炳雄,洪达灵.钎钢内壁强化的研究[J].有色金属,1982(4):7-13.

[13] 王嘉新.稀土元素对 55SiMnMo 钢疲劳断裂影响的研究[J].中南矿冶学院学报, 1983,37(3):50-55.

[14] 托普卡耶夫 A H,杨福新.各种不同结构凿岩钎杆的试验结果[J].矿业工程,1984 (9):61-65.

[15] 塔拉诺夫 B И,王维德.深孔凿岩用新式接杆钎杆[J].国外采矿技术快报,1985 (5):21-22.

[16] 李润隆,宋守志,徐小荷.55SiMnMo 钢疲劳的试验研究[J].东北工学院学报(自然科学版),1986(3):83-88.

［17］ 宋守志,徐小荷.钎杆寿命的理论分析[J].金属学报,1986,22(5):134-136.

［18］ 宋守志,徐小荷,李润隆.用计算机预估钎杆疲劳寿命的研究[J].钢铁,1986,21(3):30-35.

［19］ 宋守志,徐小荷,左宇军.YGZ-90凿岩机钎尾使用寿命的试验研究[J].钢铁,1994,29(1):32-36.

［20］ 顾太和.冶轧质量对钎钢性能与凿岩寿命的影响[J].钢铁,1989,24(8):54-59.

［21］ 刘正义,黄振宗,余国展,等.55SiMnMo钢小钎杆疲劳断口初步分析[J].华南理工大学学报(自然科学版),1981(3):19-26.

［22］ 刘正义,黄振宗,林鼎文.55SiMnMo钢的上贝氏体形态[J].金属学报,1981,17(2):148-155.

［23］ 罗承萍,刘正义,许麟康,等.55SiMnMo钢正火组织的精细结构和晶体学特征[J].材料科学进展,1990,4(3):200-205.

［24］ 刘正义,李祖鑫,林鼎文.55SiMnMo钢中以马氏体为主的复合结构[J].金属学报(A辑),1986,22(1):69-73.

［25］ LUO C P,WEATHERLY G C,LIU Z Y. The crystallography of bainite in a medium-carbon steel containing Si, Mn, and Mo[J]. Metallurgical transactions A,1992,23(5):1403-1441.

［26］ LIAO Y Y,LIU Z Y. Transformation of upper bainite in 55SiMnMo steel during tempering[J]. Acta metallurgica sinica,1990,3(1):138-141.

［27］ 刘世华.用局部应力-应变法估算钎杆寿命[J].凿岩机械气动工具,2000(1):24-27.

［28］ 郑光海,李学伟,孙俭峰.ZK55SiMnMo钎杆早期失效分析及工艺改进[J].吉林林业科技,2004,33(4):44-45.

［29］ 林健,赵海燕,蔡志鹏,等.磁处理提高钎杆服役寿命的研究[J].材料工程,2006,34(2):3-6.

［30］ 邢军,钟勇,宋守志.一种抗疲劳钎杆的理论与实验研究[J].东北大学学报(自然科学版),2006,27(11):1279-1283.

［31］ 王筑生,熊家泽,吴少斌,等.锥体连接钎杆热影响区的高频疲劳实验研究[J].凿岩机械气动工具,2009(3):33-36.

［32］ 许竹桃,陈方玉,熊焰,等.55SiMnMo钢中空钎杆的脆断原因分析[J].理化检验(物理分册),2010,46(11):736-738.

［33］ 熊家泽.中空钢疲劳寿命试验参数研究[J].现代机械,2011(1):89-91.

［34］ 刘清彪.55SiMnMo六角钎钢的热处理工艺[J].矿山机械,1980(3):55-63.

[35] 徐曙光,董鑫业,杨一峰,等.钎钢控制轧制工艺的研究[J].钢铁,1984,19(1):27-34.

[36] 王兴.六角中空钢的轧制[J].南方钢铁,1999(5):18-20.

[37] 赵文雅,饶建华,戴勇波.中空钢控冷温度场的数值模拟[J].热加工工艺,2006,35(20):67-69.

[38] 于恩林,赵玉倩,刘辉,等.钎钢轧制过程主要工艺参数对成品质量的影响[J].中国机械工程,2007,18(18):2249-2251.

[39] 赵玉倩.钎钢热穿热轧成型过程三维热力组织耦合模拟及试验研究[D].秦皇岛:燕山大学,2012.

[40] 闫涛,于恩林,赵玉倩.55SiMnMo贝氏体钢高温流变应力本构方程[J].钢铁,2013,48(9):58-63.

[41] 张鹏飞.基于遗传算法的中空钢孔型优化设计及试验研究[D].秦皇岛:燕山大学,2013.

[42] 杨云,唐维兵,于嘉君,等.55SiMnMo中空钢冶炼轧制制钎工艺探讨[J].凿岩机械气动工具,2009(3):57-60.

[43] 王筑生,张吉舟.国内凿岩中空钢生产的几点参考[J].凿岩机械气动工具,2009(1):42-44.

[44] 刘厚权,张波,舒长明.半连轧生产中空钢工艺及实践[J].特钢技术,2008,14(1):38-40.

[45] 叶凌云,冯志勇.凿岩钎杆用中空钢热穿–热轧法生产工艺介绍[J].凿岩机械气动工具,2008(2):42-49.

[46] 王勖成,邵敏.有限单元法基本原理与数值方法[M].北京:清华大学出版社,1988:37.

[47] CLOUGH R W. The finite element method in plane stress analysis[C]. Proceedings of 2nd ASCE Conference on Electronic Computation,1960:345-348.

[48] LEE C H,KOBAYASHI S. New solutions to rigid-plastic deformation problems using a matrix method[J]. Journal of engineering for industry,1973,95(3):865-873.

[49] 李长生,刘相华,王国栋.40Cr钢棒材连轧过程温度场有限元模拟[J].钢铁研究,1999(2):33-36.

[50] 李长生,刘相华,王国栋,等.FEM网格对圆钢温度场计算结果的影响[J].钢铁,1998,33(9):38-41.

[51] 管仁国,张秋生,戴春光,等.AZ31镁合金连续强流变轧制成形过程温度场模拟与优化[J].金属学报,2011,47(9):1167-1173.

［52］ 赵显蒙,康永林,刘旭辉,等.半无头轧制超长铸坯均热过程中温度场的数值模拟［J］.钢铁研究学报,2011,23(8):16-20.

［53］ 郭星晔,朱国明,吕超,等.大型 H 型钢轧制热力耦合模拟及腹板波浪分析［J］.中国冶金,2013,23(3):26-32.

［54］ QU Z D,ZHANG S H,LI D Z,et al. Finite element analysis for microstructure evolution in hot finishing rolling of steel strips［J］. Acta metallurgica sinica(English letters), 2007,20(2):79-86.

［55］ ZHAO Y,HOU H. Simulation for microstructure evolution of Al-Si alloys in solidification process［C］//Journal of Physics:Conference Series. IOP Publishing,2006,29(1):210-213.

［56］ LOGÉ R E,CHASTEL Y B. Coupling the thermal and mechanical fields to metallurgical evolutions within a finite element description of a forming process［J］. Computer methods in applied mechanics and engineering,2006,195(48/49):6843-6857.

［57］ SHEN Y G,LU Y H,LIU Z J. Microstructure evolution and grain growth of nanocomposite TiN-TiB2 films:experiment and simulation［J］. Surface and coatings technology, 2006,200(22/23):6474-6478.

［58］ 罗皎,李森泉,李宏.塑性变形时的微观组织模拟［J］.材料导报,2008,22(3):102-107.

［59］ KOPP R,KARNHAUSEN K,DE SOUZA M M. Numerical simulation method for designing thermomechanical treatment illustrated by bar rolling scand［J］. Journal of metallurgy,1991,20:351-363.

［60］ ISHIKAWA T. Modelling the microstructural evolution and mechanical properties of forged parts［J］. Electric furnace steel,1995,66(3):186-192.

［61］ DEVADAS C,SAMARASEKERA I V,HAWBOLT E B. The thermal and metallurgical state of steels strip during hot rolling:part Ⅲ. microstructural evolution［J］. Metallurgical transactions A,1991,22(2):335-349.

［62］ SELLARS C M. Modelling microstructural development during hot rolling［J］. Materials science and technology,1990,6(11):1072-1081.

［63］ SUN Z C,YANG H,OU X Z. Effects of process parameters on microstructural evolution during hot ring rolling of AISI 5140 steel［J］. Computational materials science,2010,49(1):134-142.

［64］ PIETRZYK M,MADEJ Ł,RAUCH Ł,et al. Multiscale modeling of microstructure evolution during laminar cooling of hot rolled DP steels［J］. Archives of civil and mechanical engineering,2010,10(4):57-67.

[65] XU Y B,YU Y M,XIAO B L,et al. Modelling of microstructure evolution during hot rolling of a high-Nb HSLA steel[J]. Journal of materials science,2010,45(10):2580-2590.

[66] 王连生,曹起骧,许思广. 三维热耦合刚粘塑性有限元数值模拟技术的开发和应用[J]. 塑性工程学报,1994,1(3):34-41.

[67] 张芳. 大型轧辊热变形行为及热处理过程理论与实验研究[D]. 秦皇岛:燕山大学,2008.

[68] 康永林,朱国明. 大型 H 型钢轧制过程数值模拟及应用[J]. 山东冶金,2009,31(5):1-4.

[69] 沈斌,张海峰,张恒华. 船板钢热轧过程温度场及显微组织演变模拟[J]. 金属热处理,2013,38(5):18-21.

[70] 贺庆强,孙佳,赵军友,等. 型材多道次热轧奥氏体演化三维有限元模拟[J]. 中南大学学报(自然科学版),2013,44(11):4468-4473.

[71] 岳重祥,张立文,阮金华. Φ70～80 轴承钢棒材轧制过程的孔型设计及三维模拟[J]. 材料工程,2011(2):60-64.

[72] 束学道,程超,龚文炜,等. 挤压式楔横轧小料头轧制的微观组织演变分析[J]. 中国机械工程,2013,24(15):2109-2113.

[73] JOHNSON G R,COOK W H. A constitutive model and data for metals subjected to large strains,high strain rates and high temperatures[C]//Proceedings of the 7th International Symposium on Ballistics. The Hague,Netherlands:International Ballistics Committee,1983,21:541-547.

[74] KHAN A S,HUANG S. Experimental and theoretical study of mechanical behavior of 1100 aluminum in the strain rate range10-5-104s-1[J]. International journal of plasticity,1992,8(4):397-424.

[75] KHAN A S,ZHANG H,TAKACS L. Mechanical response and modeling of fully compacted nanocrystalline iron and copper[J]. International journal of plasticity,2000,16(12):1459-1476.

[76] FIELDS D S,BACKOFEN W A. Determination of strain hardening characteristics by torsion testing[C]. ASTM,1957,57:1259-1272.

[77] FARROKH B,KHAN A S. Grain size,strain rate,and temperature dependence of flow stress in ultra-fine grained and nanocrystalline Cu and Al:synthesis,experiment,and constitutive modeling[J]. International journal of plasticity,2009,25(5):715-732.

［78］ MOLINARI A,RAVICHANDRAN G. Constitutive modeling of high-strain-rate deformation in metals based on the evolution of an effective microstructural length［J］. Mechanics of materials,2005,37(7):737-752.

［79］ 韩伟,吕彩琴,张翼.7B04-T6 铝合金板材温拉伸流变应力行为研究［J］.金属功能材料,2011,18(2):51-55.

［80］ 胡诗超,张恒华,吴晓春,等.30Cr3MoV 钢热压缩流变应力行为研究［J］.上海金属,2011,33(3):1-5.

［81］ ROKNI M R,ZAREI-HANZAKI A,ROOSTAEI A A. Constitutive base analysis of a 7075 aluminum alloy during hot compression testing［J］. Materials and design,2011,32(10):4955-4960.

［82］ MIRZADEH H,CABRERA J M,PRADO J M. Hot deformation behavior of a medium carbon microalloyed steel［J］. Materials science and engineering A,2011,(528):3876-3882.

［83］ MOMENI A,ABBASI S M,BADRI H. Hot deformation behavior and constitutive modeling of VCN200 low alloy steel［J］. Applied mathematical modelling,2012,36(11):5624-5632.

［84］ ZHANG K,MA M L,LI X G,et al. Hot deformation behavior of Mg-7.22 Gd-4.84 Y-1.26 Nd-0.58 Zr magnesium alloy［J］. Rare metals,2011,30(1):87-93.

［85］ LIN Y C,CHEN M S,ZHONG J. Constitutive modeling for elevated temperature flow behavior of 42CrMo steel［J］. Computational materials science,2008,42(3):470-477.

［86］ KRISHNAN S A,PHANIRAJ C,RAVISHANKAR C,et al. Prediction of high temperature flow stress in 9Cr-1Mo ferritic steel during hot compression［J］. International journal of pressure vessels and piping,2011,88(11/12):501-506.

［87］ 孙朝阳,栾京东,刘赓,等.AZ31 镁合金热变形流动应力预测模型［J］.金属学报,2012,48(7):853-860.

［88］ XIAO M L,LI F G,ZHAO W,et al. Constitutive equation for elevated temperature flow behavior of TiNiNb alloy based on orthogonal analysis［J］. Materials and design,2012,35:184-193.

［89］ CAI J,LI F G,LIU T Y,et al. Constitutive equations for elevated temperature flow stress of Ti-6Al-4V alloy considering the effect of strain［J］. Materials and design,2011,32(3):1144-1151.

［90］ YIN F,HUA L,MAO H,et al. Constitutive modeling for flow behavior of GCr15 steel under hot compression experiments［J］. Materials and design,2013,43(1):393-401.

[91] LIANG X P, LIU Y, LI H Z, et al. Constitutive relationship for high temperature deformation of powder metallurgy Ti-47Al-2Cr-2Nb-0. 2W alloy[J]. Materials and design, 2012, 37:40-47.

[92] ZERILLI F J, ARMSTRONG R W. Dislocation-mechanics-based constitutive relations for material dynamics calculations[J]. Journal of applied physics, 1987, 61(5): 1816-1825.

[93] PRESTON D L, TONKS D L, WALLACE D C. Model of plastic deformation for extreme loading conditions[J]. Journal of applied physics, 2003, 93(1):211-220.

[94] VOYIADJIS G Z, ALMASRI A H. A physically based constitutive model for fcc metals with applications to dynamic hardness [J]. Mechanics of materials, 2007, 40(6):549-563.

[95] RUSINEK A, KLEPACZKO J R. Shear testing of a sheet steel at wide range of strain rates and a constitutive relation with strain-rate and temperature dependence of the flow stress[J]. International journal of plasticity, 2001, 17(1):87-115.

[96] BODNER S R, PARTOM Y. Constitutive equations for elastic-viscoplastic strain hardening materials[J]. Journal of applied mechanics, 1975, 42(2):385-389.

[97] GOETZ R L, SEETHARAMAN V. Modeling dynamic recrystallization using cellular automata[J]. Scripta materialia, 1998, 38(3):405-413.

[98] SENUMA T, YADA H, MATSUMURA Y, et al. Calculation model of resistance to hot deformation in consideration of metallurgical phenomena in continuous hot deformation processes[J]. ISIJ international, 1984, 70(10):1392-1399.

[99] YOSHIE A, FUJITA T, FUJIOKA M, et al. Formulation of flow stress of Nb added steels by considering working-hardening and dynamic recovery[J]. ISIJ international, 1996, 36(4):467-473.

[100] SUH D W, CHO J Y, OH K H, et al. Evaluation of dislocation density from the flow curves of hot deformed austenite[J]. ISIJ international, 2002, 42(5):564-566.

[101] LAASRAOUI A, JONAS J J. Prediction of steel flow stresses at high temperatures and strain ratess[J]. Metallurgical transactions A, 1991, 22(7):1545-1558.

[102] HAGHDADI N, ZAREI-HANZAKI A, KHALESIAN A R, et al. Artificial neural network modeling to predict the hot deformation behavior of an A356 aluminum alloy[J]. Materials and design, 2013, 49(8):386-391.

[103] LU Z L, PAN Q L, LIU X Y, et al. Artificial neural network prediction to the hot compressive deformation behavior of Al-Cu-Mg-Ag heat-resistant aluminum alloy[J]. Me-

chanics research communications,2011,38(3):192-197.

[104] SABOKPA O,ZAREI-HANZAKI A,ABEDI H R,et al. Artificial neural network modeling to predict the high temperature flow behavior of an AZ81 magnesium alloy[J]. Materials and design,2012,39:390-396.

[105] LI H Y,HU J D,WEI D D,et al. Artificial neural network and constitutive equations to predict the hot deformation behavior of modified 2.25 Cr-1Mo steel[J]. Materials and design,2012,42:192-197.

[106] LUSK M T,LEE Y K,JOU H J,et al. An internal state variable model for the low temperature tempering of low alloy steels[J]. Journal of Shanghai Jiaotong University(science),2000,5(1):178-184.

[107] 于恩林,赵玉倩,沈红伟.六角中空钢轧制过程模拟及微观组织演变建模[J].凿岩机械气动工具,2009(4):21-26.

[108] YAN T,YU E L,ZHAO Y Q. Modeling of hot deformation behavior of 55SiMnMo medium-carbon steel[J]. Journal of iron and steel research,international,2013,20(11):125-130.

[109] YAN T,YU E L,ZHAO Y Q. Constitutive modeling for flow stress of 55SiMnMo bainite steel at hot working conditions[J]. Materials and design,2013,50:574-580.

[110] 姜杰凤,于恩林.凿岩用奇数边中空钢的研究[J].南方金属,2008(1):28-30.

[111] 姜杰凤,于恩林.凿岩用奇数边中空钢的轧制工艺研究[J].四川冶金,2009,31(4):47-49.

[112] YU E L,YAN T,SHEN H W,et al. Computation simulation of microstrctures evolution for three-high cross-rolling of hollow steels[C]//2010 International Conference on Computer Design and Applications. Qinhuangdao,2010:164-167.